青少年科普图书馆

世界科普巨匠经典译丛·第三辑

地球的故事

DIQIU DE GUSHI

简明地球百科全书

（法）法布尔 著 刘丙海 译

上海科学普及出版社

图书在版编目（CIP）数据

地球的故事：简明地球百科全书 / (法) 法布尔著；刘丙海译 .—上海：上海科学普及出版社 ,2014.2（2024. 3重印）

（世界科普巨匠经典译丛 · 第三辑）

ISBN 978-7-5427-5882-8

Ⅰ. ①地… Ⅱ. ①法… ②刘… Ⅲ. ①地球－普及读物 Ⅳ. ① P183-49

中国版本图书馆 CIP 数据核字 (2013) 第 222286 号

责任编辑：李　蕾

世界科普巨匠经典译丛 · 第三辑

地球的故事

简明地球百科全书

(法) 法布尔　著　刘丙海　译

上海科学普及出版社出版发行

（上海中山北路 832 号 邮编 200070）

http://www.pspsh.com

各地新华书店经销　三河市金泰源印务有限公司印刷

开本 787×1092　1/12　印张 17.5　字数 208 000

2014 年 2 月第 1 版　2024 年 3 月第 3 次印刷

ISBN 978-7-5427-5882-8　定价：39.80 元

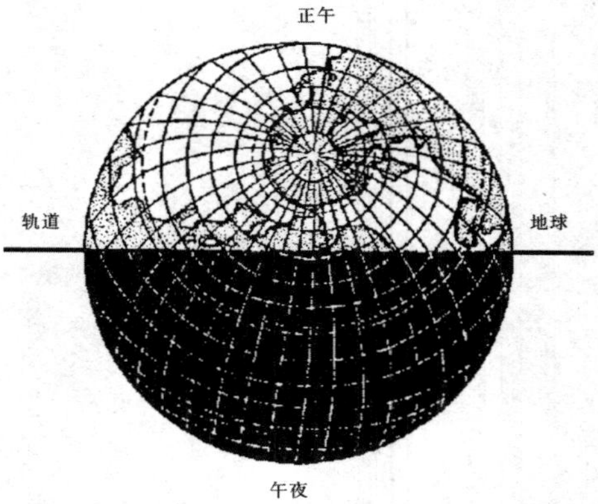

序言

本书通过对我们所在星球的基本知识进行生动趣味的描述，将原本枯燥的自然和地理知识学习，变成积极且富于趣味性的科学探索活动。

我们将以讲故事和聊天的方式进行知识讲解，如某些国家、城市、河流、山脉名称等，这些对于读者没有任何吸引力的枯燥知识以最通俗的语言进行描述，尽力将地球的方方面面真实地呈现在各位读者面前，尽量让每一位读者都真切地体会到我们所在星球的独有魅力。

在本书中，您会了解到作为地球上独有的智慧生命所应该了解的所有地球的基本知识，如地球自转、日夜形成、季节交替、陆地板块形成以及气候、海洋等自然现象的原因等等，当然，如果您想知道英属卡弗拉利亚省或桑给巴尔岛在地图上的位置这样的内容，相信也可以从本书得到。

学校教给我们的地理知识是些什么？火山只是一座冒着烟的高山？海洋只是一座巨大的水库？而地震就只是我们所处大地的颤动？还有冰河，难道就只是一座被冰雪所覆盖的山谷？这么浅显的解说对于我们来说当然远远不够！地球这个庞大的自然系统到底是如何运转的，它各个子系统是如何运转并发挥着什么样的作用，这些知识才是我们要了解和探究的！本书将如实的向每一位读者展示地球上大自然所创造的伟大奇迹！

J.H. 法布尔

目录
CONTENTS

地球的故事

目录

CONTENTS

地球的故事

第一章 我们的地球

我们可以设想一下，假如我们用一根线将一个巨大的球悬吊起来，这个球上面有一只小昆虫在球面爬行，假设这只昆虫在完全理想的条件下，保持同一方向进行前进，相信它会回到原点，这是毋庸置疑的！

儿时的奇思妙想

世界知名作家圣彼得·伯南丁曾提到过，他小时候因为看到太阳早上从一座山上升起，晚上又从另一座山上落下去，就幻想过天空是不是就是一座巨大的蓝色拱桥？或者是一个巨大的倒扣在地面上的圆碗？他是不是有一天可以在天空中行走自如，当然，假如那样的话，他还必须弯腰前进，以避免自己的小脑袋碰坏天盖。

一天，他带上了午餐和一个小篮子就出发了，他终于决定亲自去解开这些疑惑。那天，他不停地前进，完全失去了时间概念，在前进过程中他试探着去触碰天空，但是天空像一个调皮的玩伴，始终与他保持着那仿佛触手可及的距离。疲劳最终战胜了小彼得的好奇心，他最终放弃了这次的探索冒险。后来探究失败的原因，小彼得认为应该是自己不够健壮，腿也不像成人那样长，所以他没办法到达能够触碰天空的地方。

悬浮于宇宙空间的地球

亲爱的读者，不管你现在的实际年龄如何，不知道你有没有过像小彼得这样的奇思妙想？比如地球是一片被蓝色穹顶覆盖的、无限延伸的平坦土地，而它只是被海洋山脉分割？当然，现在我们都知道，天空实际不与大地相接，我们在地面上的任何地方都不会发生像小彼得想象的碰坏天空的危险，实际上在地球上的任何地方，天与地始终保持着一样的距离。我们都知道，当你不断朝 一个方向前行时，也许你会遇到高山、平原和汪洋，但是你永远无法到达你想象的地球边界。那是因为我们所在的地球是圆的，我们沿着一个方向不断前行，最终会回到我们出发的原点。

地球是一个悬浮在茫茫宇宙中的巨大球体，并没有任何的支撑。我们可以设想一下，假如我们用一根线将一个巨大的球悬吊起来，这个球上面有一只小昆虫在球面爬行，假设这只昆虫在完全理想的条件下，保持同一方向进行前进，相信它会回到原点，这是毋庸置疑的！我们人类对比于地球，就仿佛昆虫与巨球一样，只不过我们可能更加渺小。所以假设没有障碍影响我们前行，我们也不追逐天际，那么不管我们从什么地点向什么方向出发，只要我们不断前行，坚持到底，我们完全可以翻越地球回到原点。地球只是一个没有线支撑的，悬浮在宇宙中的一个巨大圆球，像小彼得想象的“巨大的蓝色拱桥”，也只是地球大气层的 空气折射蓝色光线形成的奇观而已。

地球是圆的吗

我可以通过下面的例子简单阐述“地球是圆的”这一事实。一个行人，希望到达正前方的一个小镇，前路一片坦途并且没有任何明显的障碍物阻碍行人的视线，那么实际情况是，行人在前进过程中，首先看到目标小镇的最高点——尖塔的顶端，然后随着行人的不断前进，尖塔的下端逐渐出现在行人的视线中，直到小镇其他的建筑物完整地出现，这样我们可以知道行人眼中的事物出现是由最高点逐渐过渡到最低点的。但是，假设地球是平的，这种情况是不应该发生的，而应该是行人在任何距离下看，尖塔和小镇都应该完整地呈现在其眼中。像下面 2 张图所示，图 1 中两个人 A 和 B，他们分别站在塔一侧不同距离的两个地方，他们在平面的情况下都可以看到塔的整体。而图 2 中，有观察者 A、B、C 三个人，因为地球是圆的，远方的物体会因地球球面突起遮掩，只有随着距离的不断减小，塔才会从顶部开始逐渐出现在人的视线中，因此，图中观察者 A 是完全看不到塔的任何部位的，而 B 只能看到塔靠上的部位，而只有 C 才能看到塔的全貌。

但是实际上，陆地上存在着众多丘陵、山脉以及数不清的植物，基本不存

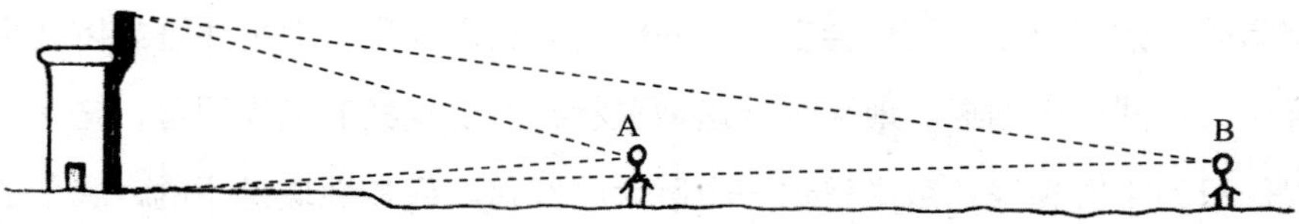

图 1

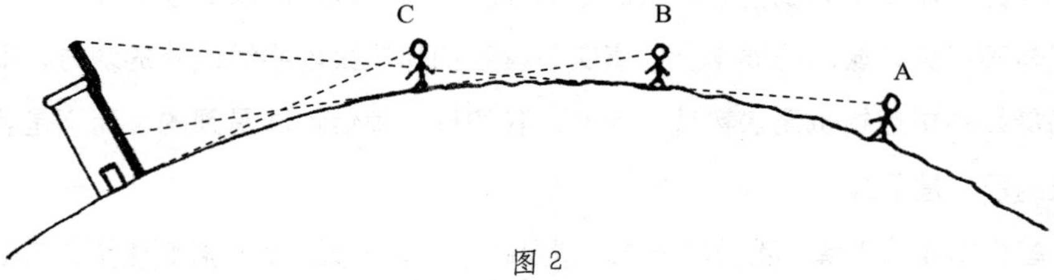

图 2

在像我们所设想的这样开阔、规则的地方，让我们观察到塔身的逐步呈现。但是，在完全依照地球表面而形成的球状海面上，如没有其他阻碍，想要解释地球是圆的十分容易。

在海上行驶的船只，在到达海港前，首先映入眼帘的往往是海港附近物体的最高点，比如山峰、高塔，然后整个海港的景象才会逐渐进入海员的视线中。相对应的海岸上的观察者们也会逐渐看到桅杆顶、上桅杆、下桅杆，最后才会看到整个船体。相反，当船只离港行驶时，观察者将以相反的顺序观察到船体的消失，仿佛整只船逐渐被海洋吞没一样，如图 3。

图 3

“地球是圆的”还有另外一个明显的证据——地平线的形状。“地平线”在希腊语中代表“被限制的，被束缚的”，它代表着当我们在空旷地区时，限制我们视野的那条分界线。

在我们看来，似乎地平线刚好将地面与天空连接起来。尤其是在一个没有任何阻碍物的平原上，我们会在这个开阔的区域内发现，地平线刚好以我们自己为中心形成一个圆形。地平线的这种形状在海上观察时尤为明显，茫茫海面会以船只为中心在我们眼中呈现一个巨大的圆盘。假如地球是平的，我们的视野只会因为我们的视觉能力受到限制，但是在高倍望远镜的帮助下，我们可以打破视力限制观察到我们想观察的极远处。这样，地球的表面也不会存在可见区域与不可见区域的分界了。但事实是，我们想观察地平线以外的地方，即使借助最好的望远镜也无法实现。因此，我们可以确信地球是圆的，而不是我们想象的那样是平的。

配合图 4 的讲解，我们对于“地球是圆”的这一概念的理解可能更为直观。

我们假设在A点进行观察，观察者的视野内呈现的是什么呢？我们可以简单地通过图中的模型推断出来，从A点不断画直线与地球表面相切，切点即为观察者在A点沿该直线方向所能观察到的最远点，假设我们不断从A点做地球表面切线，与地球表面形成无数个切点，我们将这些点连接，不难发现，这些点刚好形成一个完整的圆，这刚好是我们所说的地平线，它限制了观察者从A点对地球表面的最大视线范围。相同的结论我们可以从地球表面上任意一个地方得到。因此，我们可以发现地平线的形状是圆的，而地球也只能是球体。

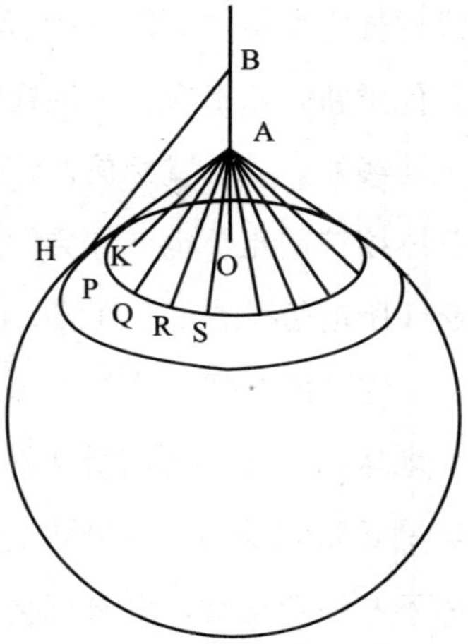

图 4

你了解我们的地球吗

我们称之为地球的巨大球体，其周长为40 000千米，也许你不能一下子了解这个数字意味着什么？那么我来举例让你们更直观地了解到这个数字的意义吧！想想你曾经爬过的高塔或其他高层建筑物，当你向外张望时，也许在你看来那仿佛不断延伸的距离就是无限，遥远的地平线就是这世上最远的距离！那么你了解你此刻与地平线的距离有多远吗？在最高点你可以观察到的极限是哪里呢？我可以告诉你，这只取决于两个要素：一是你所处建筑物的高度，二是你所处环境地面的平坦度。为了更形象地表述让我们回到图4。这次选取的观察点，选择在A点更高处——地面垂直线OA延长线上一点B，这次观察视线范围明显向外延伸，视线最远点在地球表面H点，视野更加开阔。那么我们知道了，你在地球表面站得越高，你的视线范围就越大，看得就越远。

但是实际上，地表上的山脉阻挡了我们的视线，破坏了我们应该看到的完美的地平线形状。假设，地球表面像海面一样，而我们站在世界最高塔——斯特拉斯堡大教堂，这座高142米的巨型建筑物的顶端，那么我们视线所及地平线周长应为 40 千米。假如这时我们勇敢的小彼得拥有着一双理想健壮的腿，并且他重新开始上次失败的冒险，那么他需要整整一天时间才能到达他所看到的地平线处。并且我相信，即使他侥幸成功地完成了这个任务，恐怕他也没有勇气继续往前走。也许你会问为什么？答案很简单，我们的地球周长是小彼得一整天所走路程的 1 000 倍，也就是说他还需要 1 000 天不间断地前行。

你可能在想，地球上那么多的高山、峡谷以及深海破坏地表的规则性，这样地球仍然还是我们所认为的球形的吗？也许你会认为海洋的表面是球面的，这是毋庸置疑的，但是陆地因为高峰、山谷、丘陵、平原、悬崖这些地貌特征的不断组合交替，地表还会是具有规则的球形吗？当你怀揣这种想法时，你已经是除了地表不规则的表象外看不到其他任何的规律性了。而这时我需要问你几个问题将你从迷宫中解救出来！首先，请问橘子是不是球形？你肯定会自信地回答是的！我也认为是，但是你要仔细观察橘子的表面！橘子的表面凹凸不平，那么它还是球形吗？这时，你会说什么呢？你也许会回答橘子表面的凹凸与它整体大小相比，凹凸的影响完全可以忽略不计！是的，那么同样的，地球就像那个橘子，即使地表的山峰峡谷使它不那么平坦，但是，地球庞大的身躯，即使是世界最高峰对其的影响也是微乎其微的，所以地球是球形的！而我将通过下面的说明向你证明这点。

让我们以地球为原型，设计或想象一个直径为 2 米的巨大光滑的球体，并在这个球体表面按照实际位置和比例在球体表面还原地球上的主要山脉。以世界第一高峰——位于亚洲中部的喜马拉雅山脉的珠穆朗玛峰为例，其海拔高度为 8 848 米，这座山峰直插云霄，整个山峰占据着广袤的土地，甚至相当于一个帝国的面积。我们人类与其相比是多么渺小，是可以想象的吧！但是当我们将这座世界第一峰放在我们假设为地球的球体模型上按比例展示时，你知道经过计算，我们需要用什么来代表它吗？一粒沙子，是的，就是那种可以轻易从你手中滑落的细沙，我们需要的具体实物只是一粒宽约 1.33 毫米的细沙。对于我们来说具有极强震撼力的山峰，对于地球来说，也可以忽略不计。要知道这个比例比水果上的小疙瘩相对于水果的比例还要小得多。再以欧洲最高峰——白朗峰为例，其海拔高度为 4 810 米，用实物表示，只需要代表珠穆朗玛峰的细沙的一半即可。不需要举过多的例子了，当你完成这个模型时，你可以清楚地看到，球面上布满了大小不均匀的细沙，这些在我们人类看来或庞大或巍峨的自然奇景，对地球的形状的影响完全可以忽略不计。

为什么地球不会掉落

我们都好奇于地球是如何在宇宙中保持平衡的。是像寺庙屋顶的避难灯一样，有绳子悬挂着它？还是像被安装在支架上的地球仪？地球上无数的旅行者，他们遍布于地球表面，但是没有任何人发现悬挂或支撑地球的证据，我们所接触的仅仅只有大地、天空与海洋。因此我们发现地球是悬浮于茫茫宇宙中的独立球体。

地球不会掉落的原因是什么呢？其实这个问题很简单，你静下心思考一下的话可能就会弄明白原因。是的！抬起头！广袤的天空，茫茫宇宙就是这个问题的关键！假设你正站在现在所处位置的地球另一端时，你会看到什么？甚至你及时变换不同的位置时，你会看到什么？是的！毋庸置疑的，依然还是天空，依然还是宇宙！仿佛这个世界到处都是一样的天空、一样的宇宙。另外请告诉我，在地球上这个仿佛在任何地方都一样的空间里，地球是向哪里运动着？如果可以的话，请顺便告诉我，哪个方向是绝对的向上，哪个方向是绝对的向下。要知道在这个位置是向上的方向，在地球的相反位置上却是向下。地球会不会失去控制坠入我们头顶或与我们相反方向的天空，对这个问题我们完全不用担心，它就像我们怀疑地球就在我们脚下一样。

我们会在下一章详细阐述物体掉落与地球引力的关系。在这里我们需要总结本章的主要内容是什么。地球是悬浮于宇宙中的一个球形天体。它的周长为 40 000 千米，它的半径，即地球的球心到地球表面的平均距离是 6 366 千米。并且地球表面的地理形状对地球的形状是不具备任何影响的。

第二章

万有引力，物体掉落的秘密

假如我将一块石头、一块木片、一个铁球，甚至一滴水拿起松开，它都会重回地面。但是像烟雾、云彩、气球等物体，却不会像石块一样回落，而是会上升或悬浮在空中。那么造成这两种截然相反结果的原因是什么呢？

不知道你们听过著名的拉·封丹寓言《橡果与南瓜》吗？你们有没有为故事的主人公盖洛的倒霉事而捧腹大笑呢？其实这个寓言不仅仅是一个笑话，其中不难看出人类本质上的骄傲和自命不凡——当故事主角盖洛看到南瓜的果实十分巨大，但瓜秧看起来却十分细弱时，他的话语无疑将人类的这一劣根性显露无疑，他说道："上帝一定是犯糊涂了，才将南瓜设计得如此怪异！要是我的话，我会把它与橡树搭配，这样才和谐！唉！真遗憾，我无法领会传教时神父们所宣扬的什么'万物都是完美的'这一点！真遗憾这如手指粗细的橡果没有生长在南瓜藤上！上帝一定是搞错了！才将果实如此安排，真是越看越别扭！"

这个情况使盖洛苦思难解，但是，后来他想：这些问题完全就是庸人自扰。于是他就在一个橡树下睡着了。但是，就在他睡着之际，一颗橡果掉了下来，刚好砸到盖洛的鼻子上。他被橡果惊醒后，往脸上一摸，发现，啊！自己的鼻子被砸破了，而罪魁祸首——橡果还挂在他下巴的胡子上。于是他马上又有所悟，并边叫痛边说，"哎哟，幸好从树上掉下来的不是一个南瓜！否则我就惨了！我现在才知道，上帝果然是明智的，他是不会任由这种事情发生的。"

我可爱的读者们，相信你们也会同意倒霉蛋盖洛的话吧！如果橡树上长的不是小巧的橡果，而是大南瓜的话，可是很危险的呢！

相同情况下，寓言里掉落的橡果让主角明白了“上帝是正确”这个道理，而一个掉落的苹果却使牛顿意识到了天体运行所遵循的法则！牛顿是一个充满求知欲的少年，一天他经过一片苹果林时，刚好一个苹果掉落在他的面前，如果是我们也许会觉得很幸运就把苹果吃掉了，那么这个事情也就不会有后续的

苹果为什么会掉下来？
牛顿的这个疑问多么重要！

发展了！但是，牛顿却因此产生了一个疑问：苹果掉下来的原因是什么呢？你也许会回答他：啊，这是一个多么愚蠢的问题啊。苹果熟了自然会掉下来啊！是的，这也许是一个很蠢的问题！但是请你先回答我一个问题，这样你会发现牛顿的这个疑问是多么重要！

苹果树如果像白杨树那么高的话，苹果还会掉下来吗？答案当然是会的。那么苹果从高于苹果树数倍，甚至百倍的高度上依然会落下来吗？答案依然是肯定的，因为我们都知道石头会从像塔顶或山顶这样的高处掉落。最后我们再假设如果这棵苹果树因为奇迹不断长高，甚至长到千米、万米时，苹果还会依然掉落吗？这个答案依然是不需要迟疑的！是的，苹果依然会掉落！就像我们在坐热气球时，随着高度的不断升高，你从任意的高度向下扔东西，它都会最终落到地面上。而且实际上，海拔高度越高时扔下的苹果，它落地时的瞬时速度越快。

那么我们现在有了一个共同的认识——即使苹果树长得高耸入云，苹果依然会掉落，依然会掉到地面。如果接下来我们假设将苹果换成铅球呢？结果相信大家都猜得到。那好，我们现在知道了，不管是苹果、铅球，还是其他什么东西，不管从多高的地方，它们都会落到地面上！那我再问一个问题，铅球在月球上也会最终落向地球地面吗？这个问题也许你经过百般思考后，会回答：如果月球和地球间没有阻碍的话，它完全可以落在地球上。

当夜晚到来，我们仰望星空时，通常会看到天空中那个巨大的发光体——月亮，看到它在没有任何支撑的情况下，悬挂在夜空中。那么参考你对刚才问题的答案，月亮这个面积是地球 $\frac{1}{50}$ 的庞然大物，将会砸到我们身上！是的，那可是一场巨大的灾难！我们的地球将会被月亮砸得分崩离析、支离破碎，到时人类只能在灾难降临前失声尖叫了。当然，我可以肯定地告诉你，月亮是在不断向地球掉落的，但是，请各位读者不要惊慌！是的，虽然月亮在不断向地球靠近，但是地球月亮之间始终保持着相同的距离！这里你是不是觉得很矛盾呢，但是事实就是如此荒谬而矛盾。那么我再来解释造成这个事实的具体原因吧。

假如我将一块石头、一块木片、一个铁球，甚至一滴水拿起松开，它都会重回地面。但是像烟雾、云彩、气球等物体，却不会像石块一样回落，而是会上升或悬浮在空中。那么造成这两种截然相反结果的原因是什么呢？

假设我们拿着一块木片沉入深海，当我们松手后，木片不会沉到水底反而是会浮到水面，原因是木片比水轻。我们站在地面上，空气就像海水一样将我们完全包裹其中，烟雾、云彩等物体因为比空气轻，因此它们会像木片一样上升。但是，我们要注意的是，如果没有大气，那么不管是轻软的绒毛，还是坚硬沉重的石块、铁块等，将它们同时从同一高度降落，下落过程中，所有物体都会以相同的速度下落，并且会同时落到地面。是的！不要怀疑，100 千克的铅球不会比一个蒲公英种子掉落的速度快。哈哈！我相信你现在绝对对这个事实持怀疑态度！你们也许会提出强烈的质疑声：一团蒲公英的降落速度怎么会和铅球一样呢？这简直就是在开玩笑！是的，现实中我们同时向窗外扔一个铅球和一张纸的话，铅球会很快落到地面上，而这张纸却需要较长时间。是的，这是毋庸置疑的事实，我无法否认。但是在这里，请注意我之前的结论是在没有大气的基础上得到的。

现在我要告诉你，大气是造成现实中铅球比纸张先落地的根本原因。大气在物体掉落时，会根据物体特性产生不同的阻力，纸张因为表面积大、重量小，它受到空气阻力影响自然相较横截面较小、重量大的铅球受到的空气阻力影响要大，因此，在相同情况下，铅球的降落速度较快，会先落到地面。为便于理解，我可以举这样一个例子：我们让两个人比赛，让他们穿越相同的茂密灌木丛，假设他们正常情况下的奔跑速度一样，那么谁会先到达目的地自然不言而喻吧。必然是可以轻易清除灌木丛的强健一方，毕竟瘦弱的一方需要花更多的时间来清除障碍。这样我们完全可以将铅球代表成强健的一方，将纸张代表瘦弱的一方，这样铅球先落地的原因，大家可以很容易地理解了吧。

让我们再回到刚才的例子中去，如果瘦弱的一方不去清除前方障碍，而是紧跟在强壮一方的后面，那么相信两者到达目的地的时间基本相差无几。对于这个结果，相信你不会提出异议的吧！接下来我们将纸张紧紧贴附于铅球后面，那么两者的掉落速度将是一样的。我们再按照一枚 5 便士硬币的形状和大小裁剪出一张纸片，并用水或唾沫将它沾湿，粘在硬币上。然后，我们从窗口处松开手，它们自由掉落，“叮”，不管你重复多少次，不管你是从多高的地方进行的都一样，纸张和硬币会在同一瞬间达到地面，当然，纸张如果中途脱落的情况不在考虑范围内。

这个实验中，我们不能因为将纸粘在硬币上，就说硬币促进了纸张的下降速度。因为下落过程中，两者的位置有多种可能性，但是在各种情况下，两者均能同时到达地面，这只能说明，在下落过程中，它们的速度是一致的。因此，我们可以得出这样的结论：在没有空气阻力的情况下，任何物体的降落速度是相同的。这样看来，在前文中，你们觉得矛盾荒谬的结论，在这里已经是得到验证的真理了。在这里，我希望大家，以后在对一件事或事物提出质疑前，先仔细思考一番，也许看似复杂荒谬的东西实际十分简单而易懂。

现实中，掉落的物体在到达地面后，就会因为地面的阻挡而停止继续下落。但假如地球上有一个无限延伸的深井，当物体在其中降落时，这个物体的终点是哪里呢？这是我们下一个要解决的问题。

我们可以运用子弹和长线自制一个铅垂。将子弹系在长线一段，拿住另一头，让子弹自由降落，在经过一阵自由摇摆减速后，子弹完全静止。在这个过程中，我们发现长线是无法一下消除子弹的下落趋势的，它通过提供与自由落体运动相反的力，逐渐削弱子弹的势能，直至子弹最终静止。在平静水面上观察这时的铅垂，你会发现长线与水面形成一个完美的直角，长线不会倾向于其他任意方向。这个静止的水面被称作水平面。

垂直线在我们生活中应用得非常广泛，尤其在建筑业中，建筑工人需要使用铅垂对建筑物进行垂直确认，否则建成的建筑物会被认为是不合格、不安全的。这个方法在我们生活中也可以用到。如果你想确认一栋房子的房角是否垂直，你可以手握铅垂一端平举手臂，观察房角边线能否被铅垂全部覆盖，若未完全覆盖则证明房屋边线不是垂直的，而这栋房子就是不合格的。

我们现在知道物体是垂直落向静止水面的，那么我们将这个静止的水面替换为实际地球的海面呢？通过前文，我们了解到地球是一个球体，海平面则像是在地球表面均匀涂抹的一层油，因此海平面也是一个圆弧面，而事实上不止海洋，像湖泊、池塘，甚至一桶水的表面都是圆弧面，但是由于其表面积与地球相比基本可忽略不计，因此我们普遍将它们认同为平面。那么我们可以简单地推断出，物体在球面的海平面上降落时，其运动方向也是垂直的。接下来我们用图 5 进行说明。

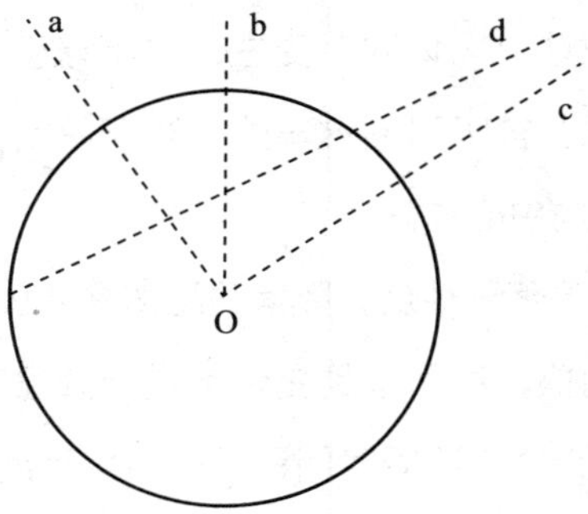

图 5

图 5 中，地球是以 0 点为圆心的球体，a、b、c 是与地球表面垂直相接的三条直线，d 是一条不与球面垂直的直线。将 a、b、c、d 四条直线无限延长，我们会发现，与球面垂直的直线，最终会相交于地球圆心 0 点，而直线 d 并不会与圆心相交。因此我们可以判断，任何自由降落的物体，都是向地球中心方向降落。

那么我们要想了，这个吸引所有掉落物体的圆心是什么？难道它是一块具有超强磁力的磁铁？但是我们已知的没有任何一种磁铁可以吸引所有物体。那么它到底是什么呢？它是地球的引力，它均匀地分布在地球的任何地方，不管这个物体在南半球、北半球，还是在深埋的地下，每一个物体都受到地球引力作用，时刻吸引你向地球中心掉落。

这里有一辆马车，由两匹马带动，如果只靠右边的马拉行，那么马车必然向右边偏离；如果只靠左边马拉行，结果自然是向左偏离。只有两匹马同时拉行，马车才会长驱向前。这也就是我们所说的中心对称性规律。同样，我们将地球

只有两匹马同时使力，马车才会直线前进

均匀地分为两半，假设地球上物体同时受左、右半球引力的作用，当只有一边的力发挥作用时，物体就会被吸引到这一边，当两股引力共同作用时，物体会由于地球的中心对称性而向中心掉落。

有实验证明，物体在下落一秒后，降落的距离是 4.9 米。而物体在自由下落过程中，其速度会逐渐加快，每一秒的变化都是十分显著的。下表为实验过程中记录的物体自由下落过程中，不同时间记录的下落距离。

下落时间（米）	下落距离（秒）
1	1×4.9
2	4×4.9
3	9×4.9
4	16×4.9
5	25×4.9
6	36×4.9
7	49×4.9
8	64×4.9
……	……

观察数据不难发现，每一秒的下落距离刚好等于下落秒数（t）的平方乘以

4.9。因此我们以后计算物体下落距离时，可直接套用公式 S=t2×4.9。

这个公式还可以被更巧妙地运用起来。当你想计算高塔、悬崖或者深井的高度时，你完全可以用一块石头就计算出。具体方法很简单，你让石头自塔顶、悬崖或井边自由下落并开始计时，以听到石块落地的第一声为止，用这个时间直接套用公式就可以计算出物体大致的实际高度了。如果是在没有秒表的情况下，你可以通过数自己的脉搏，因为脉博的跳动基本与秒针跳动的频率一致。假设某物测量用时 6 秒，套入公式 62×4.9=176.4，那么被测物的高度（或深度）约为 176 米。

第三章

地球引力

月球在受到地球的不断吸引的同时，也在不断试图挣脱地球的束缚，而这个最终将月球带回既定轨道的力就是地球上使物体下落到地面的力。

这种现象奇怪吗

接下来让我们开始揭开月亮绕地球旋转的奥秘。首先我们假设在一座小山丘上有一尊大炮，炮口处为点 C，在山丘正对面有一堵围墙，围墙上与炮口水平相对的地方为点 A，当炮口水平发射炮弹时，我们直觉上会觉得炮弹应该刚好击中 A 点。但是，炮弹实际发射后，所击中围墙的点 D 位于 A 点的正下方，炮弹的实际轨迹也不是我们想象的一条水平直线，而是如图 6 所示的呈现为一条圆滑曲线——CBD。不管你是经验丰富的炮手，还是完全不懂的新手，只要你向水平方向发射炮弹，击中的地方永远会比 A 点低，因此，经验丰富的炮手在发射炮弹时，瞄准点永远要比目标点高一点。

炮弹轨道为什么是一条圆滑曲线呢？炮弹击中的地方为什么会比炮口水平高度低呢？原因很简单——引力。炮弹在脱离炮筒后，作用在它身上的引力会立刻发挥牵引作用，炮弹会按照一定规律加速不断下降，直到落到地面并最终

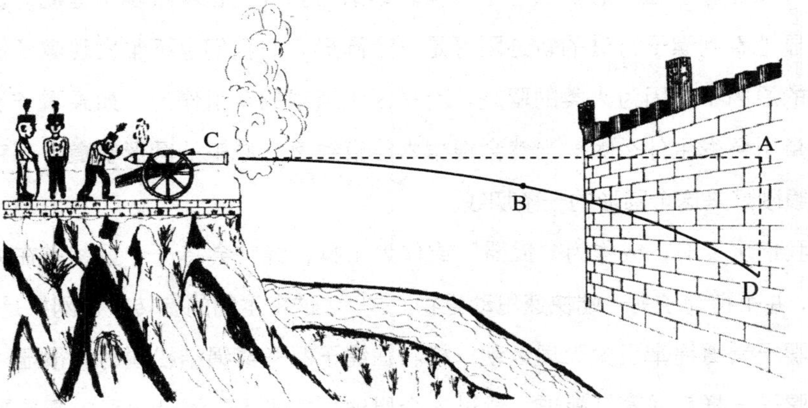

图 6

静止，这也是为什么炮弹会越来越偏离水平线并最终形成像 CBD 那样的圆滑曲线轨道。而且我们同时会发现在相同的环境和时间内，假设炮口前方无明显障碍物时，发射的炮弹与自然掉落的炮弹它们垂直方向运动的距离是一致的，仅仅在水平方向上形成较大的差距。依然是本章开头的例子，我们假设炮弹由炮口射出到击中围墙一共需要 3 秒，根据上一章结尾我们得到的计算下落距离的公式可知，下落的高度为 9×4.9=44.1 米。然后，我们再测量一下原定击中目标点 A 与实际击中点 D 之间的距离，我们会发现这个数值刚好为 44.1 米。接下来，我们继续假设炮弹从炮口 C 点到击中 D 点的时间为 2 秒，那么炮弹垂直运动距离经过计算为 19.6 米，而测量的 AD 间距离也同样是 19.6 米；当炮弹击中 D 点的时间为 1 秒时，那么炮弹垂直运动距离为 4.9 米，而 AD 的距离同样是 4.9 米。这样我们可以知道，无论是静止的物体，还是运动的物体，其所受地球的引力作用是相同的。

接下来我们探讨的是物体会围绕固定一点做圆周运动这个奇妙的现象。其实这一现象我们通过一个简单的乡村实例就可以解释清楚了。在乡村，人们通常会用骡子转动磨盘来处理稻谷，而具体方法就是将缰绳一端拴在骡子身上，一端拴在磨盘的槽轮上，在人的驱赶下由骡子带动槽轮转动磨盘。一般农民在驱赶骡子转动磨盘时，为防止圆周运动使骡子出现晕眩，一般将它的双眼蒙上，这样可以让骡子在无意识状态下不停转动磨盘。我们在观察骡子运动时，可以很明显地看到骡子行进的轨迹刚好是一个圆形。而我们也不难发现骡子做圆周运动的原因不是因为人类的驱赶，而是因为缰绳的牵引作用。如果骡子没有缰绳的牵引会发生什么呢？当然会根据本能直线离开原来的圆形轨道，而它的行进路线刚好是这个圆形的一条切线。

我们玩耍时，或作为"武器"或作为工具，经常会将一个重物系在绳子的一端，并手持绳子另一端快速甩动重物。这时，这个重物的旋转轨道刚好是圆形。这与骡子受缰绳牵引做圆周运动一样。在绳子断开或绳结松脱时，很显然重物会像骡子一样直线离开轨道。通过这个原理，古代人们设计出了投石器这个威力巨大的武器。上面的两个例子都说明了物体在做直线运动时，受到某个指向中心作用的力，会进行圆周运动；而当这个作用力消失时，这个物体将会继续进行直线运动。

月亮绕地球运动的原因实际上与上述两个例子的作用原理一样。我们通过图 7 来进行说明，图中外围的圆为月球运转的圆形轨迹，我们称它为月球的运行轨道，图中心用阴影表示的球体 T 为地球。我们假设月亮由 L 点出发，如果没有来自中心的力量作用，那么月亮应该向前方进行直线运动，运行轨迹如图中 LA 所示。套用本章开头炮弹的例子，我们假设月亮的前方有一座垂直于地球

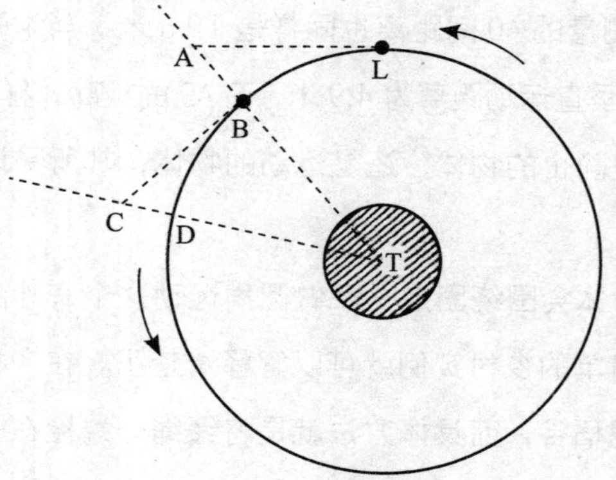

图 7

表面的高墙——我们用 TA 表示，我们由 L 点瞄准点 A，炮弹是无法射中点 A 的，而应该射中 TA 这座墙上较低的点 B，炮弹的运行轨道如图中曲线 LB。这颗炮弹就代表着月亮，也就是说月亮受到地球的吸引，在一定时间内由 L 点出发并未达到假想墙 TA 墙上点 A 而是点 B。再由 B 点开始计算，月亮又会由于地球引力到达垂直于地球表面假想墙 TC 上 D 点，而不是瞄准点 C。通过测量我们会发现假想墙上 AB 与 CD 的高度是一样的，而从其他点出发测量，月球的下落距离都是相同的。这使得月亮得以与地球保持一定的距离，在圆周轨道上围绕地球运转。

地球对月球的吸引力，相当于缰绳对骡子的牵引力，也相当于绳索对其所系重物的牵引力。月球在受到地球的不断吸引的同时，也在不断试图挣脱地球的束缚，而这个最终将月球带回既定轨道的力就是地球上使物体下落到地面的力。地球地心的引力决定了月球绕地运行的最终轨道，并不断在月球运动中指引它的运行方向。

地球与月球的拔河

地球的引力不断地影响着宇宙中的一切天体，而宇宙中的所有天体也具备这种吸引力，并同时将这个力作用于地球。就拿月亮来说吧，它不断吸引着周围的一切天体向它靠拢，而与月球距离最近的地球，也不断受着月亮的引力影响。只不过月亮对地球的吸引力对地球的影响与地球对月亮的吸引力对月球的影响相比，明显是地球对月球的影响大很多。因此，才产生了月球围绕地球运转的结果。

自然界一向是公平的，如果月球对地球的影响大，那么结果必然与现在相反。地球与月球间引力的较量，就像我们熟知的小游戏拔河一样，两个人各执绳子一端，并同时用最大力气把另一端向自己一方拉拽，力气大的一方将能够将对方向自己方向拖动，并最终获得胜利。根据引力公式我们知道，质量越大的，其引力越大，而地球的质量是月球的 81 倍，因此地球和月球之间的引力对月球的影响远大于对地球的影响。如果月球的质量比地球大，那么必然我们地

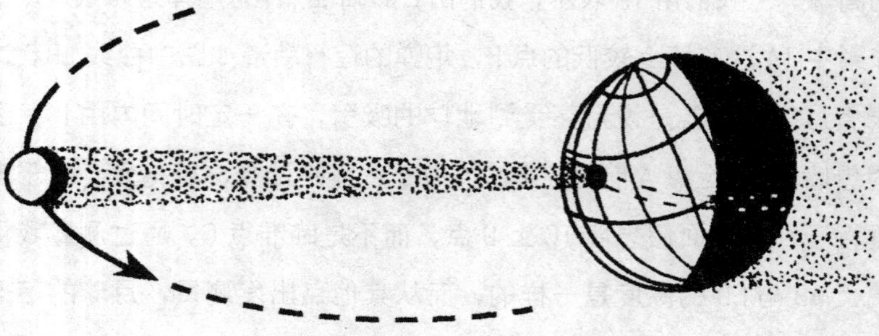

正是受地球的引力作用，月球才绕地球旋转，没有飞离地球

球将成为月球的月球，也就是说地球将称为月球的卫星，不断围绕月球运动了。这里你可能要想了，地球有没有绕其他某个巨大星体运转呢？当然有，我们所在的星系名字叫做太阳系，顾名思义太阳系的中心就是太阳，星系中所有天体都围绕太阳运转。

也许我们一开始无法理解，太阳只是那个在我们肉眼看来，最多也就是车轮大小的发光圆盘，它有什么资格让地球围绕它旋转呢？实际上太阳是我们无法想象的庞然大物，之所以我们肉眼看来太阳如此渺小，只是因为太阳距离我们的距离实在是太遥远，要知道这个距离不会少于14 959万千米。如果用例子说明，你可以假设有一列高速行驶的火车，它的时速是60千米，按照这个速度行驶，火车用1天就可以由法国的一端到达另一端。如果依然用这个速度，我们由地球出发，到达太阳时火车已经行驶了289年了，当然这只是理想环境下，不考虑我们人类寿命和空气、燃料等各方面限制条件下的假设。即使我们用现有世界上最好最快的运输工具，这趟旅行也会漫长得超出我们的想象。

经过科学家多年测算和验证，最终得到的结果证明太阳的体积是地球的130万倍，可能这个看似简单的结论让你无法直观地了解到这句话的含义，我们依然举例来进行说明。假设宇宙是一片汪洋，而太阳和地球都是这片汪洋中的鱼，那么太阳就是海洋中的巨无霸——巨鲸，而地球只是海洋中最小的鱼，这就是太阳与地球的体积差距。

也许你还是无法了解这个差距是多么惊人，那么我再举一个例子帮助你了解。假设要填满一个一升的容器需要刚好 1 万颗小相同的小麦谷粒，那么要填满 10 升的容器应该需要 10 万颗大小相同的谷粒，依此类推，那么 130 升的容器就需要 130 万颗谷粒。你可以用我们平时喝的 1 升装奶盒想象一下，在 130 个奶盒组成的物体面前单独放置一颗谷粒，这颗渺小得基本可以忽视的谷粒就代表了我们的地球，而那 130 个奶盒就是太阳。这样的举例是否能够让你更清晰地了解到这个差距了呢？是的，太阳与地球之间的大小就是如此悬殊。

根据万有引力定律和太阳与地球的体积对比，你应该了解到了，在太阳这个庞然大物面前，地球的引力几乎无法产生影响！而遵循自然界强弱规律，地球只能不断受到太阳的吸引，在强大的引力作用下不断向太阳移动。但是地球在宇宙中并不只受太阳的引力影响，同时还受到宇宙中无数其他星体的影响，而大自然的奇妙就在于此，综合引力的影响使地球不断绕着太阳在弯曲固定的轨道上运行。可以说地球是太阳的守卫者，也就是卫星，而地球由于自身引力作用，也有着自己的守卫者——月亮，这个我们自古就知晓的神秘星体，在我们已知的数千年里不知疲倦地在特定轨道上围绕地球运转着。经过科学家计算，地球围绕太阳运转一周刚好需要 1 年的时间，而这段时间内，月亮围绕地球运转了 12 个周期。

在本书开始时，有人一直在疑惑为什么地球在宇宙中，在没有任何支撑的情况下不会坠落。现在相信你的心里已经有了答案了吧！是的，地球在宇宙中受到各个星体的引力，尤其受太阳引力最大，这使得地球的运动轨迹变成现在这样，像被缰绳控制着的驴子一样不断围绕着太阳旋转着。

第四章

地球绕日运动的影响

风的产生可以有两种组合路径，一是静止的物体和流动的空气组合，二是静止的空气和移动的物体组合；第一中组合方式是我们自然界常出现的风，另一种这是奔驰的火车产生的风。

我们的地球是宇宙的中心吗

你很可能会这样描述日起日落：清晨，太阳从东山的顶尖儿冒出头来，斜射在对面的山腰上，渐渐地蔓延至山脚下、小河沟里；哦，正午时分又到了你的正上方的头顶上了；黄昏悄悄临近，在你毫无察觉的时候，它又从西边的山顶悄悄落下。你知道，在地球的另一边，太阳依然灿烂着，就像夜空中的星星，这些星星也在地球的另一面。你伏在窗前，看着头顶上这个半圆形的苍穹浮想联翩，那一群群像绵羊的云将去哪里？它们又从哪里来的？云的上面是什么呢？它们围绕着地球，日复一日地打着圆圈，难道我们的家园就是宇宙的中心？

你可以任由思绪飞驰，任由想象天马行空，但是只由表象去下结论，你又会陷入一片迷茫里，朋友，那是因为你只站在地球上思考问题。距离我们14 959万千米的太阳每天都从我们头上走过一圈，你会计算的，太阳的速度至少是每分钟40万千米。但是，我要告诉你一个比这个更惊人的数据，就是你每天夜里数过的星星，它们的体积也和太阳差不多大小，有的甚至比太阳还要大，只是因为其与地球的距离比太阳与地球的距离要遥远得多，它们的光华被这漫长遥远的宇宙给削弱了，所以在我们的肉眼里它们很渺茫。一颗距离地球最近的恒星是地球与太阳距离的30万倍，如果它24小时围绕地球转一圈，你能算出它的速度吗？是每分钟40万千米的30万倍！现在你可以想象了吧，那些更遥远的恒星绕地球转的速度是多少？小学的课本里说过，你应该还没忘记那个体积庞大的太阳，它在遥远的宇宙里高速循环地运动着，难道只是因为它要及时给人间施舍温暖？那些和太阳一样大甚至比太阳更庞然的星星呢？它们以更惊人的速度运动，也仅仅是为了绕着地球一圈一圈地飞驰？我们是站在地球上思考问题的，你想像一下，若你在太空看着这一切，那你的思绪就不会这般了。

既然如此，我们应如何去理解太空中各种天体的运动？我们不应该钻牛角尖，把地球视做宇宙的中心，太阳星星月亮天天绕着地球转，我们为什么不这样想一想呢：是地球自身在转动。其实道理就是这样的，地球自转，于是我们的一天就被分成了白天和黑夜，这一来就全都明白了。

其实这种感觉和乘坐火车是一样的，路边的风景就像是运动着向你的后面的方向跑去，而你自己却觉得是静止的，尤其是在火车不颠簸的时候这种现象尤为明显，其实这是参照物的选择不同所致的。在火车里，乘客选择火车的窗户做参照物，窗是静止的，而窗外的风景是移动的。同样，我们坐在马车上或

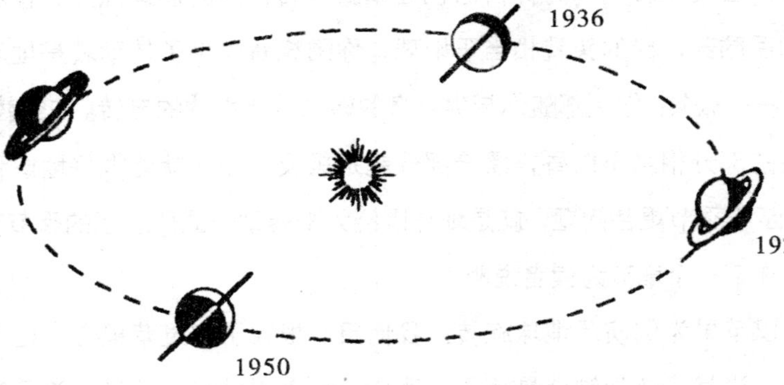

地球并不是宇宙的中心，它一直在绕太阳旋转达

是小船上都会产生这样的错觉。换言之，当我们在交通工具上平稳移动时，就会产生这种错觉，会偶然地失去对周围的判断能力而感觉眼前的一切都向自己的后方跑去。

地球绕着自己的轴由西向东地自动旋转，转动周期是 24 小时。由于地球旋转非常平稳，以至于我们感觉不到它在运动，如果不甚了解，我们就会以为，静止的是地球，转动的是太阳、星星等天体了。其实，这种由地球自转产生的错觉和我们在火车上的错觉是一个道理。

地球其实在自转

地球的自转原理，以下运动也归于此：地球每绕太阳公转一周需要 12 个月，而地球自转一周是 24 小时。还记得孩提时候玩过的小陀螺吗？它的转动就能很好地演示出地球的两种运动。小陀螺以它的圆锥为轴转动时，它只是以锥尖儿支地在自转，如果你抽打它，作为操作者，你比我更有体会，它以圆锥为轴自转的时候在地上也会走出一个一个圆圆的轨迹。陀螺的自转就好比地球的自转，而那个小圆圈轨迹就好比是地球围绕太阳转的轨迹——公转。

其实地球的公转和自转两种运动你也可以同时演示。譬如你在一间昏暗的屋子里安一张圆桌子，在桌子的中间点上一支蜡烛，这支蜡烛代表太阳，然后你在围绕着桌子转的同时你自己也在单脚旋转，这时候蜡烛光会依次照着你的脸部和后脑部，你的头就相当于地球，你围绕着圆桌子转动就是地球围绕太阳的转动——公转；你头部随你脚尖自身的转动就是地球的自转。在交替的过程中，被照住的部分相当于白昼，黑暗部分就是黑夜，如此就能很好地解释昼夜的更替了。至于季节更替问题，就是地球围绕太阳转动一圈所引起的季节变换问题，我们将在下一个章节为读者说明。

再以苹果为例演示地球旋转：我们用一根筷子穿过苹果心，让苹果可以自由转动，当然，转动轴就是筷子，我们且称之为轴线；同样，筷子穿插过的两端点称为极点。为使你的理解更加深刻，我们假设有一根足够长的棒子穿过地

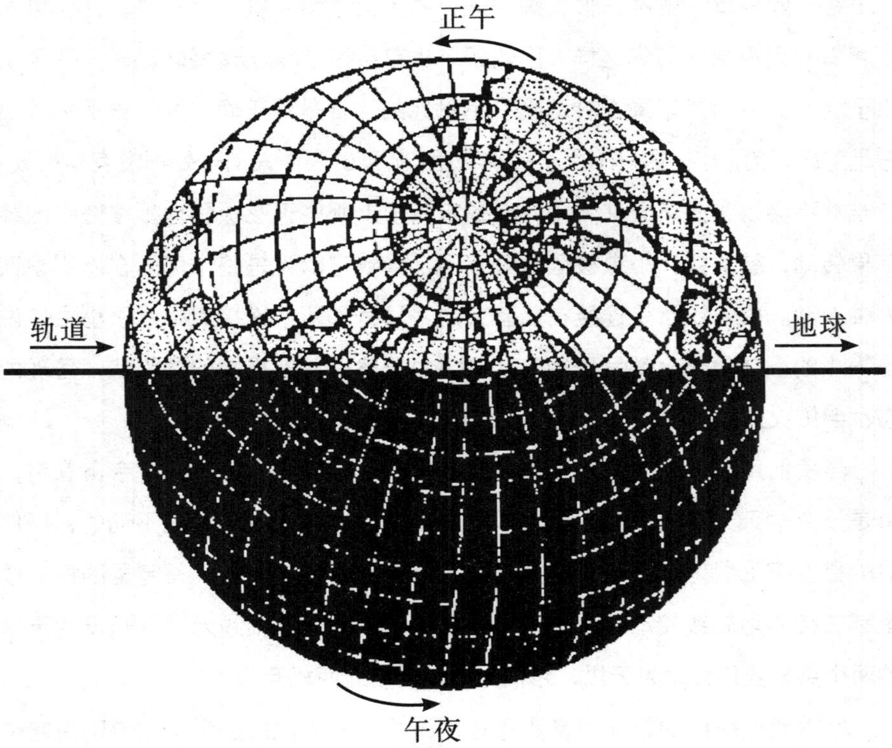

自转的地球

球南北两极，就像这根筷子穿过苹果的两端一样，这根棒子就是地球自转所围绕的轴称作地球的轴线，正如那根穿过苹果的筷子一样。那根假设的虚拟的长棒子穿过的地球两端处的点就是极点。根据上文的解释，我们就可以顺理成章地将地球每 24 小时绕其自转一周的假想线定义为地轴，而地轴在地球上所经过的地表两端点就定义为极点。

肉眼看来，我们很感性地以为天空也是一个球，只不过是一个比地球还要大的空心球，而地球恰好处在天空的中心。由于地球由西向东转动，如前所说，我们以为地球是静止的，而天空是运动的，自东向西；并且以为天球转动的轴线和地球的轴线就是一条。之所以会产生这样的错觉，再让我们以下面的例子为你阐明。

在一间小屋子里拉一根长细铁丝，铁丝上依然穿着一个苹果，在苹果表面上爬着一只小虫，问你这样一个问题：当苹果围绕铁丝慢慢转动时，苹果上的虫子会不会以为是苹果在转动呢？不管你的回答是否正确，我来告诉你小虫子它是怎么以为的。在这只小虫子的视野里，苹果的表面任何一处都没有发生改变，它当然不会以为是苹果在转动，而是它头顶上那些天花板和地板墙壁在围绕着苹果转动，就这样，小虫被假象蒙骗了，导致它以为是整个房间在以那根铁丝为轴转动。由于铁丝是连接在墙壁上的，只有那两个连接点相对于小虫来说就是静止的，其他部分都呈现运动状态，由于房间并非规则的圆筒状，呈现的状态也会依次更换。

当我们用地球来代替苹果时，铁丝就成了地轴线，房间成了宇宙苍穹，小虫是一个对天文毫无所知的仰望星空的小孩。小孩认为地球是不动的，而他眼前的星空正沿着地轴线与真实方向反向运动。对小孩而言，苍穹里的每一颗星星都在绕着地轴线转动，当然，除了那两个点——地轴线无限延长抵达天壁上的两个点，我们称之为天极，它们与地球上南北两极互相对应。

尽管我们所说的轴并不真实存在，如前文所述，只是为了让你明白它是怎样确定的。你若在北半球，天黑了，你需要留意一下有没有哪一颗星星从来就没有改变过位置，没有因为日夜的交替移动过；如果你发现所有的星星都会运动，那么请你注意一下哪一颗星星较其他星星的移动范围最小，甚至几乎不动。如果这颗星星确定了，那么北极也就找到了，它沿着地轴线延伸至地球表面的极点——北极点。一样的道理，若你在南半球的夜空中也找到了一颗类似的星星，那么南极点你也可以找到了。当你在北半球时，凸起的圆弧形的地表面完全挡住了南极，对南北球的天空你是什么也看不到的。

我们将距离地球北极最近的一颗星星叫北极星。北极星也并非理论所认为的绝对静止，只是它绕极点的轨迹非常小，加之是远距离观测，以至于我们主观地以为它是静止不动的。要找到它，你只要在晴朗之夜仰望星空，你会看到大熊星座。这里可能你还不知道什么是大熊星座，它是一个由 7 颗星星组成的群体命名，三颗星星呈波浪排列状，其余四颗算是矩形状。亮度较其他星星耀眼，所以易受人们注意，在它们那块空域里，没有其他星星有它们耀眼。由于它们位处北极星的附近，所以你很容易找到它。它在天轴附近，所处位置时高时低，时远时近，但是不论高低远近，它永远不会逃出观察者的视野。如图 8 所示，这是大熊星座的大致轮廓。4 颗星星构成的长方形像大熊的肚皮，其余三颗组成的图案像它的尾巴，其名由此而来。

你也许会问这几颗星星为何会画成这样的图案，像一头愤怒的猛兽翘着尾巴呲牙怒目正准备捕杀猎物，难道这里边还有什么更深奥的寓意？这样的夜空景象，我们不曾见过。其实这幅图只是科学家们虚构的，就为了分清成千上万的星星，他们约定，通过各种象形命名将各种星群划分开来，当然也是为了方便，所以他们才会把群星区域以各种物体作为蓝本来划分。因此，图 8 画的熊，它所在的区域也就被天文学家们叫为大熊星座了。这一区域中包含很多星星，但就这七颗星星最为醒目，就于图中标出了它们的位置。而那些不怎么醒目的就暂时被略去了。按照约定，我们当称此部分星星为“大熊星”。但是我们还得明白一点，就是这个名称并不怎么合适，就其“尾巴”而言，对于一头大熊来说着尾巴未免也太长了些，而且在现实中这类动物还是几乎没有尾巴的，所以这个称法也不是太合适。所以它还有另外一个称法——大卫的战车。4 颗星星组成矩形战车，另外的 3 星就是配备在站车上的推杆。

经过天文学家们的观测，位于大熊星座不远处，有时候会在它的上面或下面、或者旁边也有另外的和大熊星座排列方式相似的 7 颗星，只是亮度不如大熊星座的亮，规模也没大熊星座的大，其中的 4 颗排列也不是完美的正方形，其余的 3 颗从“正方形”

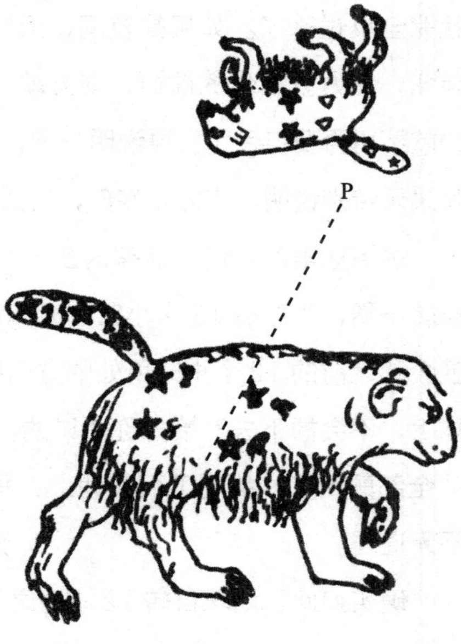

图 8

一角延伸出去，构成了尾巴。同理，这个较小一点的星座命名为小熊星座。值得注意的是两熊的尾巴指向恰恰相反，小熊尾巴尖上的那颗，我们在图 8 中也标出来了，用字母 P 表示，它是这个星群里最亮的一颗。

这颗星就是你一直想要知道的北极星！当所有星星都由东向西作圆周运动时，它依然静止不动。而紧紧挨着它的就是地轴了，如果你将地轴无限延伸的话就会碰到我们假想的宇宙穹拱。你熟悉了大熊星，那么下面为你提供的方法能让你很快找出北极星所在处。首先从最靠近大熊星的头部的两颗星星处画一条线从背部延伸，一直到与一颗比其他星星都要亮的星星接上为止，那颗闪闪发光的星星就是北极星。还得检验误差是否出现，方法是找到小熊星群，看看连接上线的这颗星星是不是在尾巴部位，如在就对了。

方位的判断可以通过地轴方位或者星星的移动，非常简单。罗盘上有 4 个基本点，或者 4 个基本的方向，就是东西南北。地轴是贯穿地球南北方向的，而星星的移动又是自东向西。一般情况下我们可以容易地判断何南何北何东何西，确定自己所处的方位，如果是早晨，我们只需要面对太阳，我们的前方就是东方，后面就是西方，左右分别是北南两方；当然了，若太阳快要落山的时候，就完全反过来了。如果是夜间，天气晴朗那就很好办了，找到北极星或者大熊星座，北方就在你的前面，南方就在你的后面，什么东西、东南西南东北西北的就不用再费口舌了。再说明一下，如果是在地图上的话，北方在地图的顶部，如果无特别说明，南方在底部，左西右东。

讲到这里时，你一定有这么一个有趣的疑惑。你会想：既然地球每 24 小时自转一圈，那就有 12 个小时的时间我们是处在它的下部，那么我们处在的方向就会和之前的 12 个小时所处的方向彻底相反，既然如此，我们为什么还站在地球上，不会掉下去？恰如你所说的，刚开始时，我们头朝上脚朝下，12 小时后就全部颠倒了，头朝下而脚朝上，那为何我们就不曾感到过颠倒呢？你的疑问不无道理。

确实如此，地球自转 12 小时之后，我们的位置及方向与之前的全然相反，头脚颠倒，但是我们并无要摔落的感觉，并且还没有什么不适之感；我们头也依然向上，脚依然向下，上面依然是天空，脚下依然是实土。你必须明白一点：在浩瀚无涯的宇宙里，“上”与“下”已经不存在了。在宇宙里的任何位置，我们所谓“向上、向下”的状态是一致的。出地球外的任何一个地方这类词语都没有任何实质性的意义，也只是在我们的地球上，上下才有含义，上表示指向天空，下表示指向地面。由于地球的引力作用，使得我们保持了原有的状态，头所指的方向依然是天空，脚踩的依然是地面，我们很容易保持直立身体，没有不适不便之感，并且我们对地球每12小时一次的对调也毫无感觉。

24小时环游世界

或许你有这样的想法。如果人们离开了地面，抛去地球的引力，乘坐一个氢气球飘到很高处，是不是我们就能看到地球在下方旋转呢？海洋、岛屿、丛林、建筑以及这片土地上的国家，尽在你的眼底一一展现，就在24小时之内，你就可以游遍整个世界。待地球自转一周完毕时，你又回到了自己的国家。这多好啊，不用多走一步路，这么短的时间，就能完成整个世界的旅行！

是的，这是一个多么充满诱惑力的世界环游方式，我也曾十分赞成。但是我有一些忠告要给你，你想一想啊，如果你真要举行一次这样的环游方式，你得飞到很高很高的地方，但是如果一座高高的山（假设就是珠穆朗玛峰）随着地球旋转恰好与你相遇，想必那时候你几乎没有能力和可能去避开一个庞然大物的袭击，那时候你的一次充满奇幻的旅行将在一瞬间化为乌有。而且你还得知道的一点就是，并不是地球上所有地方的旋转速度都是相同的，因为它们圆周轨道半径并不尽相同，距地轴最远地方的点旋转距离也最长，同时，地球两极近处的旋转速度非常小，轨迹也是一个非常小的圆圈，而两级则是几乎没有动，这些都是可以预测到的现象，都可以利用一根筷子穿插一个苹果去验证的。经计算，赤道部分的旋转速度是每分钟28千米，一天一夜旋转的距离是40000千米。法国，就是我们现处的位置，此处旋转的速度要稍慢一些，大约每分钟20千米。你想，如果一座以这么快速度的山峰撞上你，这个方式还如你所想那般美好吗？

颇具诱惑力的方式居然潜藏着这么大的危险，你是不是该考虑一下放弃你的行动计划？况且，这样的计划是根本实现不了的。

大气层，就是包围在地球上空的空气层，它也是地球的组成部分，所以它也逃脱不了地球的引力控制。氢气球是依靠大气托浮的，所以它也逃脱不了引力的控制而不能保持静止状态，你在氢气球上也不会看到掠过的风景，你的脚下依然是你升起来时的那片土地。你虽然很是遗憾，你依然怀想你当初的念头，但是你已经发自内心地意识到，这是不可能的，你很遗憾，曾经的我也一样和你感到遗憾。

年轻的朋友们，拉·封丹的寓言里，有一个佃农加若，你的推理就与他的相似极了。现在我们一起来假设，如果让大气层不随地球一块旋转，而是保持

2004 年 3 月 26 日从国际太空站中拍摄到于南大西洋上的热带气旋卡塔琳娜

如你所想的静止状态，那么我们看看将会发生什么。当你在路上狂奔时，静止状态的空气就像一阵清风微微拂过你的面庞；当铁轨上的火车正在飞驰时，百叶窗抖动得就像狂风在袭卷，窗外却毫无一片飘落的叶影。待火车一停，风也随之消失了；当它再次开动后，风也再次产生，并且火车的速度越大风力也就越大。在此我们可得出两个结论：风的产生可以有两种组合路径，一是静止的物体和流动的空气组合，二是静止的空气和移动的物体组合；第一中组合方式是我们自然界常出现的风，另一种这是奔驰的火车产生的风。

我们可以想象一下一个更加可怕的后果——大气层处于静态，除了两极之外，其他的地球表面物体将会受到静止大气的恐怖袭击，世间将产生比飓风还要猛烈很多倍的狂风，目前有记载的最大飓风是每分钟3000米，其力量排山倒海，摧毁房屋，大树也要被连根拔起。你想想，地球每分钟转28千米将要产生比之大十倍左右的风，它的破坏力无法想象，地动山摇，我们人类脆弱的生命如何经得起这般折腾。现在，你还希望实现你的环球旅游梦吗？

第五章

季节、气候的交替变化

地球的每一个地区的气候都有一些差别，能接收到太阳强光直射的地区气候比较炎热，称其为夏天，而有的地方由于遥远的距离和微弱的斜射光，即使太阳斜挂天空且万般灿烂，也不能为大地提供足够的热量，那个地区是冬天。

季节的形成

由于太阳的吸引力，地球会绕着太阳公转，周期为365天5小时零48分46秒，也就是我们所说的一年，这是一个至今未曾改变过的数字。在这浩瀚的宇宙里，地球显得有些孤独，在没有什么支撑的情况下，它只得围绕着这个遥远的恒星公转，它的速度比自己转动还要惊人——每小时10 800千米，这么快的速度，想着就让人头昏眼花。它总是周而复始地走着同一条轨迹，从未改变，也不会更改。公转的同时，地球也在完成自身的24小时自转，由此产生日夜交替。你应该知道的一点是，地球的自转并非你所想的那样规规矩矩地自西向东转动，它有一定的斜度的，也就是说赤道与公转的轨迹面之间有一个倾斜度角，这个角称为黄赤交角，大小为23度27分，这个角是恒定的。

图9所示为你展示了地球公转一年过程中重要的4个位置，大概在每一年的6月21日，地球运行到A点，此时北半球大部分呈现在太阳光下，也就是说，

这是北半球的夏天。9月22日时，地球运转到B点，秋天的脚步踏进。到12月的21日，到达C点，酷寒的冬季降临。又经过三个月，阳春三月，3月20日，D点，春天到了。地球的公转被分成了四个阶段，AB段表示夏季，BC段表示秋天，CD段表示寒冬，DA之间就是暖融融的春天了。从图中可以看出那条倾斜线方向一直未变过，并且总是指向地球南北两极。因此当地球处在轨道中不同的位置时，接受太阳光的地方就不同，就这样形成了地球的四季更替现象。

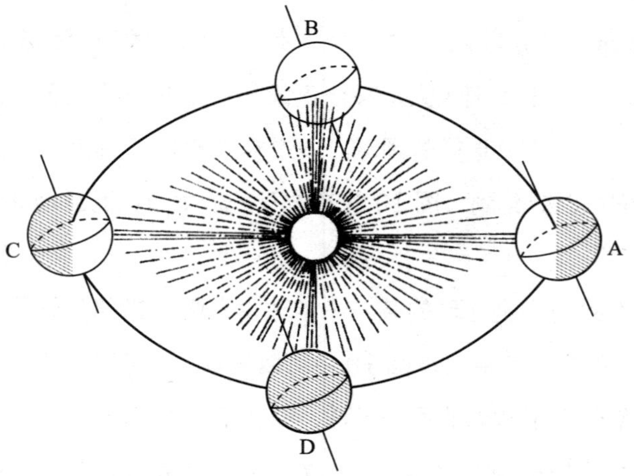

图 9

我们假设现在正是六月底，这是一年中太阳出来最早的一个月份。它好像也听到了鸡叫声，凌晨四点就从东方的地平线上冉冉而升，阳光喷薄而出，直入大地长达十六个小时。直到黄昏时分，夕阳才悄悄落下山头。正午，太阳就在我们的头顶之上，我们需要抬头眯上双眼，才能感知到它的刺眼明亮，它是我们生命的发动机，为天下苍生提供能量，无穷无尽地施舍能量，它是众生心目中最耀眼的神灵。在六月的这个季节，白昼时间最长，最长时长达十六个小时；黑夜最短，最短至八个小时。地点越是向北，白昼越是长，黑夜越是短，偏北部的太阳出来得更早，凌晨两点就从地平线冒出，晚上大约十点才下山，如果再往北去，一点就起来了，十一点才落山。要是在北极附近的一些地方，太阳刚落下马上又要升起来。极点是最壮观的，那种称之为极昼的现象，长达数星期，更有甚者在几个月里你都不会见到太阳落山，即便是午夜，依然阳光盈盈，这是一个没有黑暗的时节，对某些人来说可能十分理想，但对另一些人来说则可能劳累不堪。

此时，南半球恰恰相反，昼短夜长，气候温和，若你在南极，那里会出现一段没有白天的时间段，这也许是更恐怖的更漫长的。总而言之，在六月下旬，南北两个半球的状况完全相反，北热南凉，北有极昼，南则是极夜。何以造成南北昼夜相差如此之大？原因其实很简单。

图 10 中所示，是 6 月 21 日图 9 里 A 点所受阳光的照射情况。左边的平行虚线表示太阳光。由于太阳太大，按比例缩小后也是一个安置在距地球 300 米开外的地方的一个 1.5 米直径的圆球，本书自然撑不下其大，当然也没有必要将之画出来。你可以想象到：图 10 的左边有一个太阳，而且地球正绕着它公转就行。

太阳能照射到的只是地球的某一个半球，有阳光的部分就是白天，而另一部分是黑夜，只有繁星点点。从图 10 中可以辨认，白色部分表示太阳光照射下的白天，阴影部分表示地球的另一半球，即背阳光的部分，是黑夜。正如图 10 所示，地球并不是规规矩矩地转动，它的自转有倾斜度，就在地轴和公转轨迹

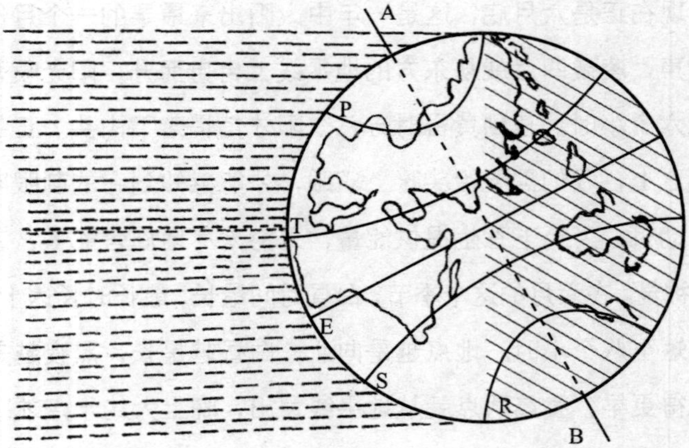

图 10

的平面间，就因为此，导致世间白昼与黑夜的不平均交替，从图中能明显观察到，地轴与昼夜界线并不重合。此刻我们想一下，地球正处于我们眼前转动，当然是自转，在其过程中，除两极的点外，地球上的任何一个点都会转成一个圆圈轨迹，随着与极点的距离拉近，其轨道越来越小。这类情形出现于你的脑海当然是很容易的。

如果你的想象力如我所说，在你的脑海里出现了地球自转的情景，那么下面的东西你就能很好理解了。还是在图 10 里面，在北极点处与圆圈 P 处之间的区域里，任由地球转动一周，它都逃避不了阳光的普照，就是说黑夜将不会到来，就是说那儿没有夜而只有昼了，圆圈 P 就是北极圈，在 6 月 21 日这天，北极圈以内的区域将不会有夜晚。

还是看图 10，我们来共同探讨一下除北极圈以外的其他区域的情况。圈线 T 上所有点随着地球的自转都要经历白天和黑夜。但是，由图可知，此线在随地球自转时，白色区域明显比黑色区域所占的比例要大，显而易见的道理，此线附近的地区夜晚要比白天短得多。圈线 T 和 P 之间的地区没有标出更多的圈线来，但可以推理知道，越是靠近北极圈的地方，其白昼越长，相反，越是靠近赤道部分，赤道也就是圈线 E，其白昼变短，夜晚变长。仔细观察一下赤道部分，不难发现

悬浮于宇宙空间，绕日旋转的地球，处于不同的轨道段，地球表面就会呈现不同的季节。

赤道上的黑白两个部分一样长，就是说，在赤道地区白天与黑夜都是一样长的，都是 12 个小时。

既然在北半球是白天比晚上长，那么在我们的南半球呢？是不是晚上比白天长了呢？一看图就能明白，往南的阴影面积越来越大，白色面积逐渐缩小。而且在南极点的附近区域里，任地球自转一周，可就是一点阳光都没有，和极昼一个道理，这就是极夜。就是图 10 中圆圈 R 内，24 个小时里都是黑的。R 圆圈也就是南极圈，和北极圈一个道理，在每一年的 6 月 21 日，R 圈内的所有区域都是夜色冥冥。

太阳温柔地把阳光洒向大地。太阳直射大地的光要比斜射的强得多。由于受到太阳光直射的地方气候十分炎热，此时段的太阳就如同一个烈火燃烧的火球，在万里无云的天空里炙烤着大地，而此时对于其他地方来说，太阳的光线是倾斜的，所以那些地区的天气比较凉爽。和上面同理，尽管地球时时刻刻都绕着太阳公转，但不是每一个地方都能接收到太阳光的，并且太阳光不能平均地分配到每个区域里边，有的地区受到太阳的强光直射，有的地方只能接受到微弱的斜射太阳光。所以地球的每一个地区的气候都有一些差别，能接收到太阳强光直射的地区气候比较炎热，称其为夏天，而有的地方由于遥远的距离和微弱的斜射光，即使太阳斜挂天空且万般灿烂，也不能为大地提供足够的热量，那个地区是冬天。

如果知晓在 6 月 21 日这一天哪个区域接受的是直射阳光，那么就不难知道在那一天里哪一区域最炎热。估计大家都知道的，垂直地表的直线方向经过地心。从图 10 来看，显然穿过地心的光束只有经过 T 处的光才能满足这样的条件，也只有这一处的光线才垂直地面，如果你就站在 T 处的话，你将感受到世间最强烈的阳光。太阳会在这一点将其最为饱满的热情奉献给大地。在地球自转过程中，T 圈线上任何一点都将经过 T 点，并且都将在正午直面，最强的阳光。T 圈线就是我们经常说的北回归线。就在 6 月 21 这一日里，北回归线上的所有点都将接受太阳最强光的照射。而就在这一天，除北回归线以外的任何地方都无福享受这一太阳的无上赐予。就是说它们得到的阳光都是斜射光，光线不会通过地心。

其余地方，越是远离北回归线，太阳光越倾斜，强度也越微弱。还有，远离南北回归线的两极地区，气温会随其距离的增加逐渐降低。比如说，法国在北回归线与北极圈之间的地带，6 月 21 日是一年中最接近接受直射太阳光的日子，这一天的正午你若站在法国的土地上抬头寻找太阳的影子，你几乎得把头举向最高处方能如愿。

光阴易逝，转眼间半年又去了，我们看看 12 月 21 日这天的情况，它是截然不同的另一种景象。如果你要寻找太阳所在处，不须抬头仰望天空最高处，它的身影大概就在你头顶的天空附近。而且看起来有些暗淡无光，似乎已经耗尽了所有能量，太阳到底是怎么了呢？难道是距离地球太远了，或是它的能量真的几乎耗尽？答案是：都不是。它的能量还多着呢，而且和往常一样充沛，依然是一个燃着熊熊烈火的大火球，时时刻刻向宇宙里播撒热情。它也没有离地球更远，相反，这距离还倒近了一些。还有一点，你注意到了吗？这天的白天时间如此之短，太阳早上 8 点才懒懒散散地从东方升起，下午不到 4 点又匆匆下山了。白昼只有 8 个小时，余下的是 16 个小时的漫漫长夜，与 6 月 21 日这天恰恰相反了。当然，地理位置越靠北方夜越漫长，有的 18 小时，有的 20 甚至 22 小时，而白昼的时间就依次减缩到 6、4、2 小时。再到北极圈周围，那里你就别想看到太阳了，它像是进入了冬眠期，不愿意被大家打扰，那里白天和午夜一个样，天际都是黑黑的。图 11 能让你更直观地去理解，它为你显示了 12 月 21 日这一天，就在图 9 里的 C 为此时地球受到太阳的照射情况。因为地球总是歪着身子围着太阳打转。此时太阳正从反方向来照射球体，因为这个时候球体已经转到轨道的对面位置，在太阳另一边，其实你很容易看出来的，北极与北极圈之间的地带都是黑暗地带，整个的北半球，白昼都比夜间短，越是往北夜晚越长。同样，在赤道区域，白天与晚上时长相当，南半球的情况又和北半球相反，白天长晚上短，在南极点与南极圈地带，尽是白天而无黑夜。

从图中我们很容易看出太阳的光线从右边直射到地球上 S 点。在 24 小时的地球自转过程中，S 圈线上的所有点都会于正午时分得到直射的太阳光，在偏离 S 圈线的其他区域，不管是靠近南还是靠近北，都一律是斜射的太阳光，越是偏

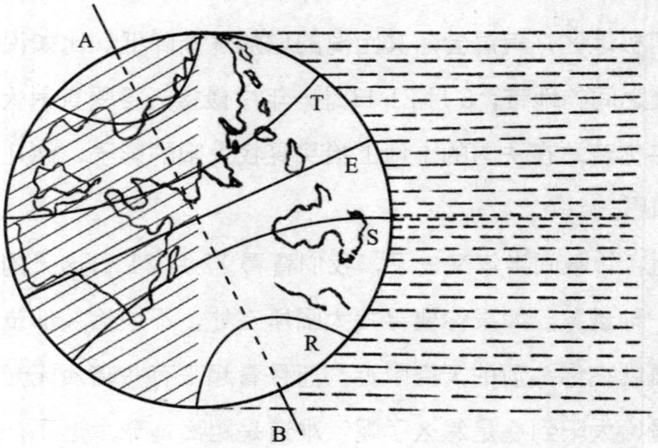

图 11

向极处，太阳光线越是倾斜，而进入北极圈境内时，就一丝太阳光线也没有了。在这一天——12 月 21 日，存在接受太阳光直射的圈线 S，将其命名为南回归线。

把上文简单为你总结一下，6 月 21 日北半球是昼长夜短，并且气候暖和，南半球则夜长昼短，气温降低。到了年末 12 月 21 日这一日起则全然颠倒了，南半球白天变长夜间变短，气温也由酷寒转为温热；北半球呢，夜间拉长，气候转向酷寒了。

就地球从 A 点公转，到达 C 点后又循环到 A 点，就这样往复昼夜不停地循环。在此过程中，白天与黑夜的界线也在随着公转的变化而变化，或远离或靠近极点，就这样地表的昼夜长短和光线的照射角度也随之改变着。在 A 点和 C 点间的 B 点位置，在一年的 9 月 22 日这一天地球旋转到赤道地区正好接受太阳光的直射。昼夜的分界线正好通过南极和北极。也就是说整个地球昼夜长短一样，各占 12 小时。3 月 20 日，就是地球转至 D 点时，也会出现相同的情形。9 月 22 日这一天，我们管它叫做秋分；那么 3 月 20 日自然就是春分了。“分”字就是指在这样一个时间段里，从南极到北极点任何哪一个地点，其昼夜长短分配是均等的。

夏至是 6 月 22 日这一天，冬至是 12 月 22 日。所谓“至”，望文生义，太阳一直上升，一天一天地上升，直到上升至我们的头顶上空最高之处。北半球地区，6 月 22 日这天太阳达到最高处，正所谓物极则反，之后就开始下落；在南半球升至太阳最高处是在12月22日，之后也逐渐降低，然后又开始上升，往复循环着。当然，我们这里所说的上升与降落都是就其表面的现象而言，实质并不然，这是因地球的公转轨道面与地轴之间的倾斜角而导致的太阳光倾斜的外在体现形式。

因为太阳光照射地面的角度以及球体表面与太阳距离的不一致，导致地球表面不同的区域有不同的温度，所以地球上的气候被分为五个温度带，接近赤道的部分距离太阳最近，所以气温常年都比其他地区要炎热，所以叫热带，它包含南北回归线之间的所有地区。在赤道地区，几乎每天的正午都会受到太阳的直射光线，所以热带地区气候十分热，季节变化也不是太明显。在那里的白天十分炎热，晚上时气温才有所降低，相对凉爽一些，同样很少受到季节更替的影响。

不同的地方不同的气候

赤道地区获得太阳的能量很大，一年里几乎都是夏天。在这里，处处树木葱郁，重叶盈天，森林资源十分丰富，各种山林野果，生机勃勃，哪像我们这些地方，冬天百木凋零，萧萧落叶，死气沉沉，了无生气。那里，随处可见的棕榈树，发达的枝桠布满上空，如盘球卧龙一般，又像一把刚刚撑开的华丽的巨大遮阳伞，笼着脚下一群群参差不齐的矮小的灌木。那里还有种类繁多的明艳花朵，争奇斗艳，各露芳华，把这片水土点缀得像个世外仙居。那里也有和花儿一样繁多的各种鸟类，披着五光十色的羽毛，像是披着锦衣一样的色彩斑斓的羽毛，它的精致和华丽简直可媲美世间最耀眼的宝石。在阳光下，伴着鸟鸣的歌声，隐隐约约，颇像闪闪的红宝石和光润的绿翡翠。那里是庞然大物大象、河马一类动物的天堂，它们巨大的身体，像柱子一样的巨大的腿脚走在地上都能感觉到泥土的震动。在那里，到处都有嗜血猛兽的嘶吼，老虎、狮子、黑豹等，也随时能看到蜥蜴毒蛇之类的爬行动物匍伏在一人多高的草丛里。

在热带地区以南以北分别是南温带和北温带。北温带在北回归线以北，北极圈以南；南温带在南回归线以南，南极圈以北，这两个区域里没有太阳的直射，只有太阳的斜射，一年都是如此，只是冬季的阳光要比夏季的阳光倾斜得厉害。因此，在温带地区温度总是低于热带。温带区域白天的长短取决于该地区距离赤道的远近，有 14 小时的，有 15 小时的，也有 16 小时的，甚至还有 24 小时的。

在逐渐昼长夜短的时间段里，由于白天较长，夜晚较短，所以白天地球吸收的热量会大于晚上散去的热量，余下的热量就会慢慢累积，导致这些地区气温随着季节推进而逐渐升高。等到秋季，其情况就全然相反了，因为秋季的夜晚会逐渐变长，那么白天吸收的太阳热量还不够晚间释放，所以温度会逐渐降低。正是由于太阳光线照射程度的差异，才导致温带这一地区在一年里气候出现多种多样的复杂情况。

这种差异使地球产生了四季更替。温和的春，微风徐徐吹来，百花盛开；炎炎的夏，它以像火一样的炽热照熟了田野里的稻谷；凉凉的秋，收获的季节，一片片葡萄园里，溢满葡萄成熟的醇香；酷寒的冬，这是一个休整的季节，万物进入冬眠期，等待下一个春来一举迸发。这里的物种虽不及热带繁多，但对于人类而言，这才是最适合我们生存的乐园。能种小麦，能收葡萄，能养家畜，在这片沃土之上，我们利用其丰富的各种资源，一代又一代地繁衍。在科学领域、艺术领域和工业领域上都得到了空前的发展。和其他处在温带地区的国家一样，法国也拥有宜人的气候、肥沃的土地、广阔的资源。

在南极圈以及北极圈内分别还有两个地带——南寒带与北寒带，寒带区域就是南极圈到南极点之间、北极圈到北极点之间的区域。这两个区域里边，阳光的倾斜程度及其照射时间的长短差异十分大。在南极圈或北极圈里，太阳照射时长最长的是 24 小时，也就是说最长的白天时间就是一整天，24 小时。最长的黑夜也是 24 小时。北极圈和南极圈的情况相似，只是南极圈内为白天的时候北极圈内是夜间。就是说一年 12 个月的白天和夜晚就被这两个极圈地区给平分了，要么是连续长达 6 个月的白日中天，要么是长达 6 个月的黑夜漫漫。如果处在这么漫长的白天，根据你所处的位置，会几天或几周甚至数月见不着太阳落山。太阳简直就是一个孤独的看客，孤零零地挂在当空，不管其他地方是白昼还是黑夜，在极圈里，它总是在空中忙碌着。这是一件十分恐怖的事情，这样无休无止的照耀下，大地怎能耐受它的炙烤？在一些海湾里，因为太阳长时间照射，很多海船上储存的焦油开始融化最后自燃，带来一场天降的灾难。

等到冬季的脚步慢慢逼近，夜色也渐渐漫长起来，从一个 24 小时一夜到六个月一夜的漫长煎熬里，酷寒的天气会越来越剧烈化。曾在这样环境下度过的探险者这样告诉我们：这样的寒温，温度计中的水银也会被冻结。由此可以猜想到，那个时候的温度至少是在零下 40 摄氏度。饮料喝不成了，什么白酒啤酒都冻结了，杯子里的温水，只要一泼出去，尚未落地就已经变成了白冰。从你肺腔里呼出来的热气，无论是从口里出还是鼻孔里出的，都成了霜，这时候的情况非常危险，必须处处谨慎小心，一片小小的金属，只要轻轻地碰上肌肤也会造成致命的冻害。放眼望去，满目冰川，结成的冰山覆盖了海洋的表面，一个枯寂的毫无生气世界，无穷无尽的冰海延伸着，动不动又是漫天大雪，空旷的边缘耸立着冰岩绝壁，简直就是天设的监狱，点不燃一丝重生的希望。

连续几周里，你不会目睹到太阳从地平线上升起的光环，白天就是黑夜，黑夜还是黑夜，即便是正午也同午夜一般漆黑。当然，在晴朗的“夜晚”，天空里会布满点点繁星，还有月亮，在一望无际的冰川积雪世界里，还是能够看得见物体的。此外，北极的空中还会有神奇的北极光，灿烂夺目，这是上天给这个黑色世界的恩惠装点。这样的光环产生于带电的粒子间的相互撞击，于是夜空中出现五颜六色、变幻莫测、绚丽夺目的光圈。环境再怎样恶劣，有一些生命自有它的生存之道，比如说我们人类，也可以在这里谋生。有些部落依靠其健壮的雪橇狗作为谋生工具，在荒凉的雪地里狩猎，这里只有那些皮毛比较丰厚而且柔软的动物方能存活，而且这样的皮毛是市场上十分昂贵的商贸品，所以狩猎对象自然是它们了。

这般荒芜恶劣的生存环境下，更多的居民大部分时间都是用来打鱼和狩猎，鱼可以作为食物，同时鱼油也是一种取暖的燃料，鱼骨头、鲸脂的切片等，都可作为燃料，取暖或者烧饭。狩猎就不用说了，皮毛用来做衣服，肉作为粮食。在这样低温的环境里是没有植物可以生长起来的，所以在这里你不会看到一片树叶的影子，什么柳树或者白桦树之类的，它们不会在这片冰川里生根发芽。但是，在北拉普兰部一带会有灌木丛，还有耐寒的大麦等作物。再继续往北走就连那些耐寒的灌木都没有了。只是在夏季，或许你会看到几株苔藓藻类植物，它们匆匆忙忙地发芽成熟，然后又匆匆落下几粒种子。再继续往北，冰雪积年不化，植物无处可生。

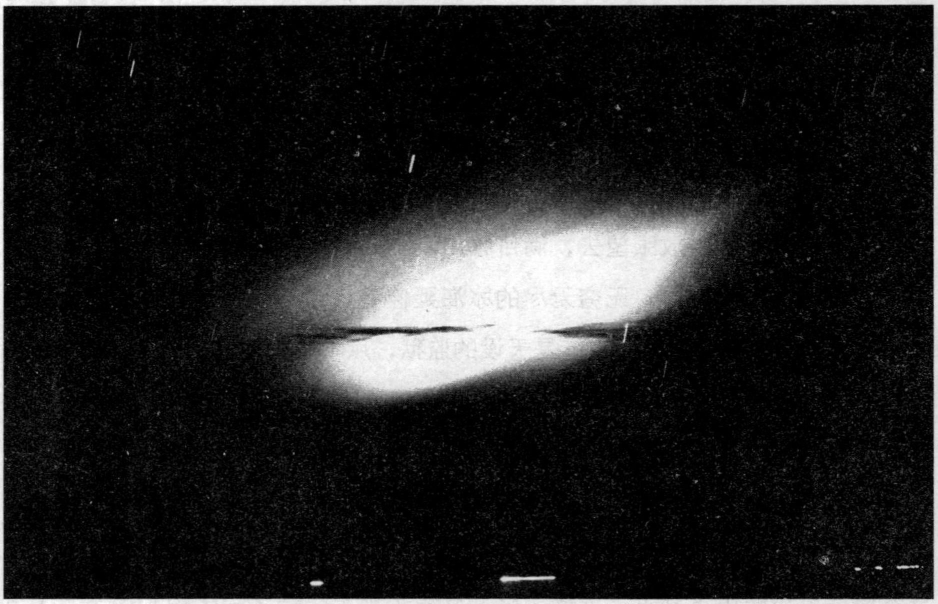

神奇的北极光

第六章

地球是一个不规则球体

17 世纪时，有人发现钟摆的时钟在赤道及周边地区走得慢些，但是在极地及周边地区，却走得快些这一奇妙的现象，这一发现引起当时人们的极大震惊。

离心力

我们像图 12 所示，将绳子系在一个装有少许液体的玻璃瓶口处，并手持绳子另一端将瓶子甩动起来。在旋转过程中，我们不难发现，即使在瓶口完全向下时，只要甩动的速度够快，瓶子里的液体就不会溢出，并且瓶内的液体会像是在某种力的压迫下紧贴瓶底。但是假如旋转过程中发生停顿或者速度降低到一定程度，那么只要瓶口有向下趋势时，瓶子中的液体都会流出。这样我们可以判断，在旋转过程中肯定产生某种力使瓶子中的液体不外溢。

不知道你们有没有过这种体验，在旋转重物时，转速越快绳子将重物拉得越紧，如果你转得再快点，再快点，这时，啪的一声，绳子被拉断了，而重物也会飞出去不见踪影。在快速旋转中，物体时时刻刻都在企图逃离控制，但是因为受绳子的牵引限制，重物只能作圆周运动，但是我们都知道力的作用是相互的，所以必然存在着某种力量不断拉伸绳子。当物体逃离作用的力足够强大时，

图 12

绳子就可能会因其超过自身强度而断裂。这个使物体企图逃离约束的力，只有物体在圆周运动时才会出现，并且不断推动物体从圆心逃离，这个力就是离心力。离心力的大小随着圆周运动速度的不断增加而变大。也正是离心力使得瓶子中的液体不会外溢，并且被压迫在瓶底处。同时也是离心力不断拉伸绳子，直至圆周运动速度达到某一临界值时，绳子会因离心力过大而断裂。

离心力的作用面无限趋近于沿着旋转轨道旋转形成的球面。当球体旋转时，如果物体材质比较松散，物体会因离心力的作用而变形，不断被拉伸成为扁平的球体。我们通过实验来证明这一论点。首先，我们将水和酒精按照一定比例混合，再将油倒入混合液体中。这时你会发现液体刚好按照密度由下到上分层排列为水＞油＞酒精，而油此时刚好如图 13 所示，悬浮于另外两种液体中间，形成一个完美的球体。

我们接下来按照图 14 所示，将一根足够长的细棒沿着垂直方向穿透球体中心，然后按照逆时针或顺时针的固定方向旋转。这时油体开始作圆周运动，我们慢慢加速，直至油体运动与细棒运动一致。油体开始旋转后，我们能够很轻易地观察到，球体的上下两端开始向中间压缩，而横向开始拉长，球体变得扁平。

图 13

图 14

我们这时再加快速度会发现球体的变形程度会随着速度加快而不断增加。这个实验里油体因为很松散，因此变形效果很容易观察到，但是我们若换成材质比较紧密的固体进行试验，除非实验的离心力足够大，否则球体变形效果将不会轻易被我们观察到。

球体变形的原因其实很容易解释的。因为球体上每一点的运动角速度都是一样的，而靠近球体赤道的部分，因圆周较大所以所受离心力较大，而极地部分因旋转圆周小，而受离心力作用较小。当赤道因离心力作用向外延伸旋转轨道时，球体会向横向膨胀，并带动球体上下两端向中间压缩。因此，球体将逐渐变得扁平。

地球的形状

但是地球并不像试验中的油体一样，完全由液体组成。地球表面是由 75% 的海洋和 25% 的陆地组成。因此，我们不能简单地将地球想象成油体或其他的固体球体。假如地球完全由海洋组成，那么我们能够完全套用油体实验的现象，地球将失去其完美的圆球形，而表现为赤道区膨胀的扁球体，而且海洋将因为强大的离心力而固定在地球表面某一位置。

然而地球是由液体和固体两部分组成，所以我们应分情况进行观察。经过实际观察我们发现，地球表面的陆地部分和海洋部分都表现为中间膨胀，两极扁平的扭曲情况。因此，我们可以判定，整个地球在离心力的作用下，最终形成赤道区膨胀，两极扁平的扁平球体。

我们通过前文知道，物体因为引力而落到地面，而引力大小随物体与地心的距离变化而变化。相同物体，距离短则引力强，距离远则引力弱。牛顿最伟大的发现就是发现了引力的奥秘。牛顿的万有引力定律显示，任何两个物体间都存在引力，引力大小与两个物体质量的乘积成正比，与两者间距离的平方成反比。我们前文讲过，地球表面的物体其第 1 秒的下落距离为 4.9 米。那么如果是在距地心 2 倍远的地方，有物体掉落，其第一秒掉落的距离为 4.9 米的 $\frac{1}{4}$，也就是 1.225 米。那么距地心 3 倍、4 倍、5 倍远的地方，有物体掉落，其第 1 秒的降落距离将为 4.9 米的 $\frac{1}{9}$、$\frac{1}{16}$、$\frac{1}{25}$，并依此类推。

因此，我们假设有两块石头分别从站在高山和平原上的两个相同身高的人手上掉落，那么因为平原更接近地心，所以在平原掉落的石头掉落的速度更快。这一实验因高山与平原的高度差同地球半径相比基本可忽略不计，所以在现实中操作中难以验证。

我们可用一个相对容易实现的方法来证明这一发现。如图 15 一样，将一个小铅球系在细绳的一端，细绳另一端固定在 A 点，小球静止自然下垂时固定在 B 点。拨动小球让其作单摆运动，小球左右摆动最高点分别为 C 和 D。小球因受到地球引力和绳子的牵引力共同作用，不断按照 C → B → D → B →……的顺序左右摆动，运动轨迹如图中弧线 CBD。

小铅球由 C 点运动到 D 点，再由 D 点回到 C 点的运动过程，被称为振摆运动。这个由小球和细绳组成的简易装置被称为振摆。振摆运动形成的根本原因是地球引力。由于振摆细绳长度是一定的，因此影响振摆的引力大小，可以简单通过振摆的速度观察得到。也就是说越靠近地心，振摆的摆动速度越快，距

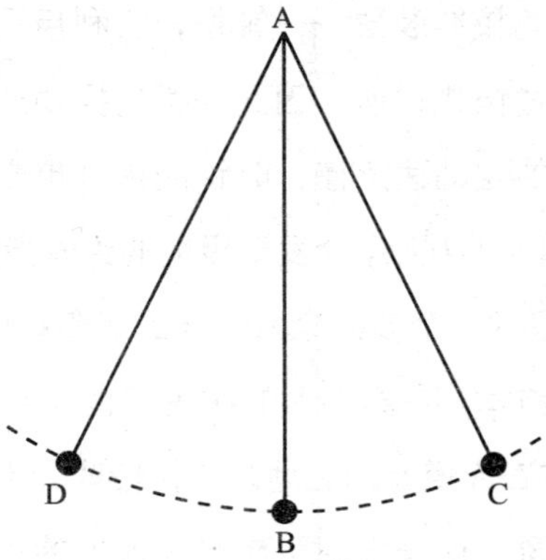

图 15

离地心越远，振摆的摆动速度越慢。而通过实际实验，我们也证实了这一结论。因此我们想判断地表上某两点距离地心的距离是否一致，只需要通过简单的振摆实验就能判定结果。

我们在地球赤道和极点之间，选取几个距离相同的点作为观察点。且这几个点与海平面持平。我们然后用相同的振摆模型，让小铅球从相同的高度落下，开始摆动，我们记录下相同时间内各观察点振摆的摆动次数。我们得到以下数据:在赤道区域，振摆每小时摆动 4 000 次，赤道以北的第一个观察点为 4 001 次，第二个观察点为 4 002 次，第三个观察点为 4 003 次，直到极点区域摆动的次数已经达到 4 012 次。很明显，随着振摆向极点靠近，它的速度在不断增加，而它直观的显示为振摆的次数增加。我们通过数据比对发现，振摆在赤道的摆动速度明显小于极地的振摆速度，也就是说极地与地心的距离要小于赤道距地心的距离。而通过数据的递增趋势，我们可以判断地球是一个赤道区膨胀，两极向中间压缩的扁平球体。也就是说，地球上在我们看来不可能因离心力改变的固体部分，实际上发生了明显的形态变化。也许你还对这一结论抱有怀疑，也许你会质疑振摆计数结果，但是我可以肯定地告诉你，这个振摆实验的结果绝对是准确的，因为这一观测数据已被多次证实，并且这一方法已被科学界广泛使用。为排除计数错误对实验结果的影响，我们还可以用根据振摆原理运行的钟表代替。钟表作为计时装置，它的运行是十分精确的。为了保证时间的准确性，每座钟表中都有一个重要的校准装置——钟摆，它利用振摆原理，以固定的频率来回摆动防止时钟走得过快或过慢。因此钟摆的摆动速度快，这个时钟的指针就走得快，相反，钟摆的摆动速度慢，时钟的指针也走得慢。依然是刚才的那个实验，我们通过一段周期的观察，会发现极地的钟表指针明显比赤道走得快。

振摆实验的结论告诉我们一个多么令人惊异的事实啊！花岗岩、巨石、山峰，这些组成我们坚实地壳的物体，在离心力的作用下也改变了自己的形状。17 世纪时，有人发现钟摆的时钟在赤道及周边地区走得慢些，但是在极地及周边地区，却走得快些这一奇妙的现象，这一发现引起当时人们的极大震惊。为什么在赤道钟表走得慢，而在极地却走得快呢？难道这是上帝的恶作剧？牛顿这个伟大的科学家，在解决苹果掉落问题的同时，也顺带解开了这一现象的秘密。是的，时钟在赤道走得慢，是因为地心对钟摆的引力较小，造成钟摆摆动慢；而在极地时钟走得快，则是因为地心对钟摆引力较大，造成钟摆摆动较快。因此，就像我们所知道的，地球是一个在赤道区拉伸膨胀，而极地向中间压缩的扁平球体。

我们还有许多直观的证据。在有记载以来，人类通过除振摆以外其他不同的几何测量法进行无数次测量，所有测量的数据都如振摆实验显示的结果一样，证实了地球的形状确实被扭曲了。而地球扭曲的数值也已经被人们估算了出来。其中地球赤道半径经测算约为 6 377 千米，极地半径约为 6 356 千米，两者比值约为 300 ∶ 299，相差约为 21 千米。这个半径差距中比世界最高峰珠穆朗玛峰还要高出一倍多。但是，我们将这一数值表示在直径为 2 米地球模型中，地球模型仅仅相应扁平约 3 毫米，这个扭曲的程度还远不能改变地球的球状特征。

第七章

地球的内部是什么样的

我们完全可以想到，原始地球完全是由那些流动着的炽热液体构成，现在地球上的坚硬外壳只不过是这些液体冷却后形成的。只有这样才能根据物质按照质量不同划分层次的原理，解释地球极地扁平、赤道膨胀的现象。

接下来我将带领大家探索我们脚下数千米、数万米深的地方，了解地球的内部是什么样的。

谈到地球内部，你会想到什么？无穷的金属矿藏？还是水晶、翡翠、红宝石以及其他各种价值连城的珍宝？是的，我们都知道，地球是一个巨大的宝库，它的内部自然蕴含着无数的宝藏有待人们的发掘。

但是我在这里要给大家展示的不是布满金银珠宝矿藏的宝窟，而是地球最真实的内部结构。虽然它不如华丽的珠宝和无价的矿藏更能吸引人们的眼球，但是地球这个结合着无数科学奇迹的产物，更值得我们对其内部精细的结构进行探索。

人类目前开采所能达到的最大深度与地球半径是完全不具有可比性的，人类挖掘的矿洞就像猫咪的抓痕一样，无法触及地球内部。因此局限于当前科学技术水平，我们还不能用肉眼观察到地球的内部构造，但是通过对科学技术的应用，我们已经对地球内部有了一个大概的认知。在前文中我们通过振摆了解到地球被离心力塑造成了一个赤道膨胀、两级扁平的球体，现在我们再通过这个小实验来了解地球的内部构成是什么样的。

地球上的万有引力

铅球的摆动是受地球引力影响而形成的，而实际上构成地球的每一个分子在振摆运动中都发挥了自己的作用。根据万有引力公式可知，在其他条件不变的情况下，物质质量越大，它的引力就越大，套用到振摆实验中，在相同距离条件下，小铅球所受引力取决于地球所包含物质的质量，小铅球所受引力越大，振摆的摆动速度越快。

我们通过对振摆的摆动方式进行观察，可计算出地球组成成分的质量。通过复杂精密的计算，我们发现构成地球的空气、水、金属等各类物质的均匀混合物，其每立方分米的质量为 5.5 千克。其中空气的质量仅为 1.03 克，水的质量为 1 千克，大理石、花岗岩以及各种覆盖地球表面的组成物质仅为 2 千克，最多不超过 3 千克。这样我们可以得出结论，地表下物质成分应比地表物质质量大很多，因此地球内部组成物质的分子质量很大，应为金属性物质。

我们做一个简单的实验，向一个瓶子中注入少量水银，然后再倒入相同体积的水，再倒入相同量的油，瓶中要保留空气。用软木塞密封，然后用力摇晃瓶子，使瓶内的水银、油、水、空气 4 种物质充分混合，然后静置，我们会发现水银会因为最重，而沉到瓶底；水因为比空气和油密度大，而沉到水银上方；油会浮于水上；至于密度最小的空气则回到瓶子的最上方。因此，我们知道物质会根据自身密度的不同划分为不同的层次，而密度最大的一般位于底层，密度最小的位于顶层。

上述实验与其简单的原理反映的是，它揭示了地球组成成分的排列规律这一重大的发现。地球的最外层是我们日常所需空气的来源——大气层，然后是占有地球绝大部分表面积的海洋，再往下是承载着山峦、海洋等地表一切物质的厚重土壤岩石，最后是地表下各种物质。如同振摆实验所显示的，地表下物质的密度远大于地表物质的密度，且离地心越近，它的密度越大。

通过之前的小实验我们可以理解像水和空气这类流动性物质，能够按照物质排列规律进行层次性排序，但是像土壤、岩石这样的物质是如何适用于这个规律的呢？为什么地表物质没有地球内部物质质量大呢？针对这点我们可以继续用水银、水、油、空气分离排序的现象解释吗？我们应该假设原始地球是由流动着的各种成分混合的液体组成的吗？这些问题的答案，我们将通过进一步探索得到。

触摸地球的脉搏

在地面上生活的我们能够很清晰地感受到四季的变化，但是，你知道吗？在地表下很浅的位置，那里的温度是不受季节变化的影响的，不管冬季还是夏季它的温度都是一样的。在地球表面，冬季与夏季的温度差可达到20－40℃，甚至更大。但是在距地表仅仅20米的地方，温度是保持全年不变的。这个温度一般是地表最高温度与最低温度的中间值，它也是这个地表位置的全年平均温度。

地区平均温度是什么呢？它是指将某一地区全年所受太阳热量平均地分配给每一天，这样这一地区一天的温度是没有高低差别的，永远保持恒定状态。经测算，法国北部地区的平均温度为10-11℃，法国南部地区的平均温度为14-15℃。当然如果你想掌握某一地区的平均温度时，可以通过测量该地区地下20米深位置的温度得到。

当我们达到地下20米的地区后，你会发现，我们每深入20-30米左右时，温度就会上升1℃。世界上任何地区的温度都会随着深入距离的增加而增加，但是由于不同地区、不同土壤成分的干扰，使温度增长1℃所需要增加的深入距离有所出入。我们可以举几个地球上极为典型的例子来说明。

位于英国康沃尔区的Dolcoath矿井是英国最深的矿井之一，该地区地表温度为10℃时，其地下421米的地方，温度都保持在24℃，经过简单计算可知，该地区地深每增加30米，温度增加1℃。另外位于英国纽卡斯尔的一个油井经常测量其地深为483米的地方温度较地表高出14℃，也就是说这个地区地深每增加34米，温度增加1℃。而在英格兰若森波兰郡地区，则是地深每增加24米，温度增加1℃。

在波西米亚地区最深的矿井已经深达1 151米，该位置的温度已经达到40℃，这个温度即使在夏天地表也很少能够达到，只有热带地区可能出现，而人们显然已经无法在这个位置进行作业了。同样，也许某一地区地表上的人们正饱受严寒，但是同一地区的矿井深处却像热带一样温暖，甚至出现无法忍受的高温。位于托斯卡纳的Monte-Massi地区的矿井温度更加惊人，在这里距地表370米深的地方温度就可达到42℃。这么多案例告诉我们一个事实：地球的内部就是一个巨大的熔炉。

天然喷泉

温泉、喷泉以及钻井同样能够说明这个事实。钻井是通过钻孔机制造的又深又大的圆柱形空洞，当钻孔机打通地表土壤及下层岩床时，地下暗河的水会因为地球熔炉内外压强的巨大反差喷涌而出，与水一同出现的还有自地球内部喷射而出的大量热量。下面介绍几个可以通过现象直接说明这个事实的例子。

法国格勒奈尔地区有一座知名的喷井，其深

度为 547 米，喷出的水温度可达到 28℃。而这一地区普通井水温度只有 10℃，这也是这一地区的平均温度，也就是说这一地区地深每增加 30 米，温度增加 1℃。帕西喷井，深度为 586 米，水温为 28℃。位于韦斯特伐利亚的纽斯温柯喷井，深度为 622 米，水温达 32℃。位于法国和卢森堡之间的蒙德福喷井，深度为 700 米，水温达 35℃。而个别地区的地下喷泉水温较之其地下深度一般对应温度更高，如位于符腾堡的纽芬喷井，其深度为 385 米，而其水温已达到 39℃。因为水这种物质的温度稳定性较高，所以水温基本可以代表的井深位置温度，这些例子毫无例外地说明了一点，地深每增加 30 米，温度温度增加 1℃。

当然地表上还有温泉能够说明这一结论。有些温泉的水温很高，甚至能够接近或达到沸点，而这点要求地下水温必须比其地表水温更高，只有这样才能保持温泉在地表的温度。如位于法国康塔尔省的 Chaudes-Aigues 和 Vic 地区的世界最知名的温泉，它们的温度几乎达到沸点，它们的温度与间歇泉是完全无法比拟的。

在大西洋靠近北极圈的地方有一个巨大的岛屿连接着东西两大陆地板块，这个被冰雪覆盖的岛屿，一年中只有很短的时间受到阳光的洗礼。但是就是在这种极端条件下，我们能够见识到冰火两重天的壮观景象：被冰雪覆盖的岛屿上，星罗密布地分布着上百个间歇泉，这些泉眼间歇性地将烫人的液体喷发到寒冷的地面。这些泉眼中最有名的当属大间歇泉，它位于一个直径约 14-17 米的小山丘上，这个小山丘是由间歇泉常年喷射的物质积累形成的，小山丘的基座内部逐渐变窄，像一个巨大的漏斗，向下延伸到未知的深度。

我们如何预测间歇泉什么时候喷发呢？间歇泉喷发前地面会颤抖，地下会发出巨大的轰鸣声。当地面颤抖越加激烈，轰鸣声越来越临近刺耳时，深埋地下的水体会翻腾而上，水受到岩浆的加热形成大量水蒸气，随着气体的增加地下压力逐渐增强，而泉眼通道狭小无法释放压力，压力和水蒸气将逐渐积累增加，直到压力达到临界点，泉水像火山一样喷发出来，形成一股高达几十米的水柱，伴随着水柱出现的还有弥漫的热雾，水柱和雾汽不断翻滚腾跃，直冲蓝天，场面极为壮观，但是这个景观往往只能持续几分钟，随后水柱消散，大量水珠四落，形成一场巨大的热水淋浴，之后泉水归于平静，直至下一次喷发。

众所周知，地球的热量也来自太阳的热辐射。通过前文举例和实验，我们知道每向地球内部前进 30 米，地球内部温度就会相应增加 1 ℃，那么我们可以通过以下数据计算一下地球核心处的温度。

在距地表 3 000 米的地方，温度可达到 100℃，也就是我们常说的沸点温度；在距地表 21 000 米的地方，温度可达到 700℃，这个温度已经足以融化大多数金属和其他物质了；在距地表 48 000 米的地方时，这里的温度已经达到 1 600℃。经过简单的推理计算，我们可知道地球核心处，也就是距离地表 6 400 千米的地方，温度已经达到了惊人的 210 000℃，这个温度是我们人类所能创造的最高温度的 100 多倍。我们只能通过想象来描述这个可怕的温度，要知道这个温度能够直接将我们所知的任何物质直接气化。

但是上述的推理实际是无法成立的，因为当地球温度达到一个能够融化所有物质的极端高度时，平衡机制的作用将会体现出来。我们可以推测，在地球温度达到 2 000–3 000℃的时候，即使继续向地球内部深入，温度也不会继续升高了。当然这个不甚科学严谨的推测是否正确对于我们来说并不重要，我们只需要知道距地表 48 000 米的地方的温度，足以融化我们所知的物质就足够了。

通过上述说明，我们完全可以将地球想象成表面包裹着一层坚硬外壳，内部却充满着不断流动着的炽热液体的巨大球体。通过进一步猜想，我们完全可以想到，原始地球完全是由那些流动着的炽热液体构成，现在地球上的坚硬外壳只不过是这些液体冷却后形成的。只有这样才能根据物质按照质量不同划分层次的原理，解释地球极地扁平、赤道膨胀的现象。

第八章

地 震

> 每个人都难免会想到如果这层薄弱的地壳因为无法承受我们的重量而垮塌，那么炽热的岩浆肯定会毁灭我们的家园，乃至我们全部人类。

地球事实上处于液体状态吗

当人类在第一次认识到地球的内部具体构造时，我们可以想象那个发现者是多么震撼并被随之而来的恐惧感所吓倒。毕竟当我们认识到自己置身在半径为 6400 千米，而这其中最多只有 50 千米是由固体物质组成的地壳上，其余部分则是炽热的岩浆的地球上时，又如何能不恐惧呢？因为每个人都难免会想到如果这层薄弱的地壳因为无法承受我们的重量而垮塌，那么炽热的岩浆肯定会毁灭我们的家园，乃至我们全部人类。

在直径为 2 米的地球模型中，这层由固体物质组成的地壳就只有 7 毫米的厚度。如果参照物是市面上常见的地球仪模型，那么地壳的厚度几乎和一张纸没什么差别了。而地球内部那炽热的岩浆所产生的巨大压力和强烈冲击仅靠如此薄弱的地壳来承受，能保证安全吗？假如这样脆弱的外壳在某一天无法承受巨大的压力，剧烈涌动的岩浆会使地壳膨胀、移动乃至最终破裂吗？假如海水将由地壳裂缝灌入地心，地球会被海水蒸发形成的无边雾气所笼罩吗？这些都是我们疑问且担心的情况。

地震的发生

地震发生时，大海会掀起滔天巨浪，陆地上无数沿海建筑和生命都会被摧毁，土地崩裂，扯开巨大的缺口把陆地及陆地上的一切物体都吞噬掉，这些都是形容地震发生时出现的可怕场景。在我们还不了解地球内部构造时，我们对脚下的陆地没什么可担心的，我们都认为地面是最坚实的物体了，也想不到它会被地球内部的力量扯开或会坍塌。即使我们生活中会感到地面有时在轻微晃动，或者听到类似厨房器具撞击墙面后发出的声响，但是我们是不会在意发生了什么的，甚至过些时间就不记得有这样的经历了。但是这些日常生活中我们会遇到的这些异象发生的原因就是地壳在发生我们难以察觉的震动引起的。那么我们是不是可以认为地下不断涌动的岩浆对地壳影响就只是发生这些细微震动呢？答案当然是不可以。只不过那些之前描述的那样恐怖的地震发生的几率极小，但是只要发生这样的地震，将给我们人类带来难以磨灭的伤痛。

在欧洲地震史上，最著名的就是 1755 年 11 月 1 日发生在葡萄牙首都里斯本的地震。这场地震在短短的6分钟内，就吞噬了6万平民的生命。地震没发生时，里斯本的人们像往常一样生活和工作着，整个城市也没有什么异常。但是突然一声巨响，里斯本的平静被打破了。大地突然剧烈地颤动起来，持续的巨响让人民惊慌失措，而地面不断开裂、突起甚至炸开，原本繁华的都市在转瞬之间就被夷为平地，成为无数死难者的巨大坟墓。一部分幸存的人们，沿着海岸线逃向码头。但是突然掀起的巨浪把他们全都吞没了。巨浪过后，码头、人群、船只全都消失，甚至残骸也没留下。退去的海浪不久卷土重来，更多的海水使得海浪高度达到了惊人的 15 米，整个城镇全被海水侵袭。地震后的海啸加深了对城镇的破坏，无边的海水使得部分在地震中未完全毁坏的建筑和幸存的人们全部毁灭。

据记载，在里斯本发生强烈大地震的同时，葡萄牙的许多著名高山也有剧烈的晃动，甚至有些山脉还发生了断裂，有些山峰倒塌。这场巨大的灾难，使得马提尼克、北非、南非、格陵兰岛以及拉普兰边界，从赤道到北极这个区域内所有地区都不同程度地受到了影响，其中摩洛哥境内，非斯和梅克内斯有两座城市遭到破坏，还有一座拥有 1 万居民的城镇被突然出现的大地裂口瞬间吞噬，无人生还。这次地震也使得这一区域内的海底产生动荡，在海上，猛烈的海浪和巨潮不断掀翻过往的船只。即使在深海地区船只也逃不掉悲惨的命运，行驶的船只像触礁一样，瞬间消失在巨浪里。

1755 年葡萄牙地震

常常发生的大地震

看到这里你可能认为像里斯本这样破坏如此严重，影响范围如此之广的地震灾难只是极少数的，但是很不幸地告诉你，如此巨大的灾难，在地球上每隔一段时间就会发生一次。

1812 年，南美的加拉加斯发生剧烈地震，地面就像沸水一样不断翻腾。此次地震持续的时间约为几分钟，明显震动有 3 次，第一次震动使得当地教堂的钟声持续鸣响，第二次震动导致无数房屋倒塌，第三次震动使整个城市覆灭，1 万多人死亡。

意大利南部地区自 1783 年 2 月起持续 4 年被地震灾害所笼罩。1783 年该地区发生的地震为 949 次，1784 年发生的地震为 151 次。地震区域包括由那不勒斯至西西里的大部分地区。而最严重的就是奥比多镇发生的大地震，居住在这一区域的居民就像生活在海面上颠簸航行的船只上一样，被晕眩、恶心、呕

1783 年意大利那不勒斯至西西里地区的地震持续了四年

吐等症状折磨着。每一次震动时，人们就像是坐在倾斜的船上一样，看到天空中静止的云好像在急剧地变动着位置。每次震动袭来时，即便是晴朗无风的天气，树木也会倒伏在地上，树冠紧贴着地面，仿佛是被狂风所刮倒。

1783 年 2 月 5 日，巨大的灾难只在 2 分钟内，就将整个城市消灭殆尽。灾难发生时，地面发生开裂，就如同一片片破碎的玻璃碎片一样，大片的土地不断位移或下沉，山丘发生爆裂或倾斜，所有地面上的物体，像房屋、树木、耕地不是被摧毁，就是偏离了它原来位置。在波利斯提那的一个小镇，几百栋房屋因为地震被巨大的冲击波冲到 1000 米外的一个峡谷之中。

有些地方土壤因为地壳移动失去了支撑，在瞬间下陷，原本居于此地的人们和他们的房屋、果树以及家畜都一下子被吞噬掉。其他一些地方地表被猛然扯开了一条巨大的裂缝，这个裂缝要么被沙砾掩埋，要么就变成了巨大的空洞或峡谷，要么被地下水填灌成为湖泊。据统计，地表上因地震瞬间形成的湖泊面积与 200 多个自然形成的湖泊、池塘、沼泽加起来的总面积一样大。而在另外很多地方，地震使得河流和地下水与地表土沙石混合，变为可怕的泥石流，横扫平原，并最终冲抵山谷地区，把低地全都填满。在泥石流泛滥处，恐怕你所能看见的只是一些树冠和被冲垮的房屋屋顶了。

每隔一段时间，地震就会发生，并且产生巨大的晃动，不但地面上的石子会因为受到地面震动而飞到半空中，甚至地下人类挖的深井也会像一座小塔一样，完整地从地下喷射而出。在大地不断隆起和裂开之时，房屋、人群以及动物顷刻间被这巨大的裂口所吞没。不久以后，裂口像吃饱了的巨人的嘴，迅速闭合，把物体碾碎挤压在一起。在灾后救援时，人们在剖开地面挖掘有价值的东西时，往往会发现那些被吞噬的一切物体都被压力压挤成一个巨大的整体，而且很难分开，就像有人用巨大的老虎钳将这些物体用力捏合在一起一样。

在这一系列地震灾难结束后，法国科学家多洛米厄对这些不幸的地区和国家进行了实地考察。当他到达西西里和卡拉布里亚地区时，眼前是一幅非常悲惨的景象：拥有灿烂历史的古老城市墨西拿灾后的景象就像一个巨大的垃圾场，曾经的恢弘建筑已经看不见了，只剩下残垣断壁，而那些大难不死的人们瑟缩地躲避在城外临时搭建的板房内，整个城市弥漫着悲伤和荒凉以及恐惧的气息。如此悲惨的景象还不是让他感到最震惊的，当他到达卡拉布里亚的波利斯提那时，他完全被前所未见的悲惨景象惊呆了，甚至已经无法用言语将它完整地形容出来。在他眼里，那里完完全全是世界末日的景象——万物全都毁灭殆尽，地面上没有一栋完整的房屋，甚至连残垣断壁都看不到，整个城市只剩下地面上无数的瓦砾，昭示着这里曾经拥有的繁华。如果不是这些瓦砾，人们甚至无法相信这里曾经有过一座繁华的都市。

这场长达 4 年的灾难，据统计共有 8 万余人死去，其中大部分是因为地震而丧命，其他则因为灾后的饥荒、瘟疫以及恶劣环境而无法逃过死亡。地震中死亡的人群，有很多人是由于被倒塌的建筑物活埋或火灾等原因丧生，还有一部分人则是跑到空地就以为安全了，却被突如其来的地裂所吞噬。

“这样的大灾难中，人类应该相互帮助，共度难关。但是事实却是让人震惊的！除了少数的几件英雄事迹外，更多的却是在平民间发生的无耻行为！”多洛米厄如此评价道。事实上在灾后，大批的卡拉布里亚农民涌进惨遭磨难的城市，目的就是为了掠夺可怜受害者们的财物。他们像蝗虫一样，在摇摇欲坠的废墟中，疯狂地搜掠着死者身上任何有价值的东西，践踏着刚刚死去人们的尊严。

地震的征兆

关于地震所带来的悲伤历史，已经不需要再多加描述了。世界上几乎每一个地方都发生过地震，对这种可怕的天灾有许多详细的文献记载。所有这些记录都是地球内部巨大压力使地壳坍塌损毁的见证。

也许经历过地震的人们都会发现一个现象，在地震发生前，一般地下都会有剧烈的异响作为预示。开始时声音是从地底传来的，仿佛是从远方传来的闷雷，声音在逐渐增大后慢慢减小，然后又开始增加，就如同地底的巨人在积蓄力量。当这个神秘的声响出现后，万物都突然沉寂下来，仿佛陷入莫名的恐慌中，又仿佛是暴风雨前的平静。最先有反应的是动物们，它们遵循本能开始四窜逃难，狗也开始狂吠不止，似乎在不断向人类预警；耕牛停止耕作，全身因恐惧而不断打颤，虚软的四肢似乎已经无法支撑沉重的身躯。接下来这个声音越来越大，就像一辆满载生铁的马车在耳边发出巨大的声响，声音最大时，就像在你的身边有一排大炮同时发射炮弹一样，让你颤抖。当地下的震动突破地壳的层层防护传到地面上时，大地就开始出现剧烈地晃动，地面像波浪一样不断涌起、落下，地底下的恶魔此时就张开贪食的嘴，不断吞噬地面上惊慌的生命。在这场惨烈的灾难面前，任何人能无法保持冷静。

当地底传出巨响预示时，不一定意味着有地震发生，像1784年墨西哥瓜那华托的居民连续4天都被地底传来的隆隆巨响所困扰，甚至还伴有剧烈的爆炸声，于是，人们开始猜测这里将会爆发一场剧烈的地震灾害。在怀着恐惧情绪的人们开始准备撤离时，却没有地震发生。后来的调查表明，这种地下的巨响确实存在，而且有证据表明在当地一座深达500米的矿井中，也听到了地底巨大的轰鸣声和爆炸声，甚至远比地表的居民们听到的声音更为刺耳。但是这些声响只是证明在很深的地下，确实发生着剧烈的撞击活动，隆隆巨响就是地下不断活动的岩浆撞击地壳产生的，而爆炸声是地壳底部岩石开裂产生的。但不论怎么样，事实证明瓜那华托的居民是幸运的，他们没有受到地震的袭击。巨大的声响仅仅是虚惊一场，他们不必经历想象中的巨大灾难。

第九章

陆地的存在是奇迹

我们都得承认一点——空气与水的作用是一种充满智慧的行动：它们在一边破坏陆地，同时也在修复着我们的陆地，这和翻土是一个道理；同时地心处的活动就是陆地不断的恢复过程。

岩浆的另一面

对于上一章节介绍的地震的灾难，你是不是感到了害怕和恐惧呢？对于这样的灾难，我们有时候会不禁自问，这难道真是上天事先就安排的吗？难道真的是神的旨意、神的愤怒，让这些地心里的岩浆在某一个时候冲破大地，或者按照神的旨意在某个地方造成山崩地裂，红岩冲天，陆地漂移，把城镇和山村吞没，把生命带到高温岩浆的地狱里？

神是没有的！要知道任何事物都具有两面性，虽然地底下翻滚的岩浆会给人类带来灾难，但离开它，也就没有了生命的产生。岩浆是生命的缔造者，没有它的存在就不可能有人类。就如同不能因为空气会带来飓风毁坏家园、海洋会掀起巨浪吞没船只而怀疑它们是否有必要存在一样。对于岩浆而言，有它暴戾、可怕的一面，但对于生命而言，它又是生命的起源和繁衍的基础，所以，它也在遵循一个永恒的充满神秘性的、两面性的自然法则：它们是生命的创造者，所以，它们也有权力有能力消灭它们创造的生命，因为自然界也有自己的法则，要保持一个动态的平衡，所以就无法避免灾难和死亡。就像天空中的云彩既能化作甘露养护庄稼、也会化作冰雹摧残我们的丰收果实；闪电能将空气净化，让我们拥有一个清新的环境，也能让一个倒霉的生命消失；山川能够滋养谷底下的生物，也会爆发滚滚山洪将它们淹没和消灭；翻滚沸腾的地心熔浆支撑着我们的陆地，防止陆地被海洋吞没，但有时它也会剧烈地摇动地面，给我们带来毁灭一切的天灾。

和地球上其他东西一样，地心处的熔浆也有它自己的使命需要完成。这也是地震产生的根源。岩浆支撑了整个地壳，最终形成高于海平面的陆地。最初，地球上是不存在陆地的，正是因为地心熔浆的剧烈震动，才使得大陆冒出海面来。

但是，可不可以有这样一个想法：既然岩浆已经造地成功，那么就想办法让岩浆消灭。毕竟，岩浆离地表太近，带给人类的危险实在是太大了。

这样的想法是愚蠢而危险的！如果这种天真而幼稚的想法一旦付诸实现，那么所造成的威胁将比岩浆所造成的危险更加可怕和危险。有时候，面对现实，你不得不承认宇宙所安排的一切是一个了不起杰作，其中的任何一样东西都是这个宇宙整体所不可缺少的的最佳组合，包括地球以及地球内部的所有结构，哪怕我们人类再怎样的聪明，和茫茫宇宙的博大智囊相比，也只不过是其中的沧海一粟，想要去改变和征服宇宙更是最愚蠢的想法。我们所要做的最好的工作就是崇拜、遵循它的自然法则。俗话说：逆天者亡，所谓天指的就是宇宙的法则。如果真把地心的烈火消灭，那么在瞬间失去支撑的大陆就会立即下沉，被海洋吞没，而我们人类也将不复存在，我想这是你所不愿看见的吧。

神秘的力量

对于我们生存的陆地来说，总有一种十分缓慢却又从未中断过的暗藏力量在持续不断地吞噬着它。它的坚硬程度即使是钢铁也无可奈何，但在这种微型力量下，花岗岩也会被瓦解为齑粉。那些高入云端的山峦最终也抵挡不住这样的力量而慢慢被粉碎、被夷为平地。一百年、一千年，如果一千年不能，那么就一万年，在这样的力量的作用下，时间已经不是问题。那么这种神秘的力量究竟是什么呢？这么惊人也这么神秘的力量是空气，是海水，是霜露，是这三者共同的连续的作用所致。现在，我们就慢慢说这种力量是怎么吞噬一切的。就一块岩石而言，由于常年不断地吸收周围的湿气，在它的表面慢慢形成霜并产生一种张力，要知道即便是很小力度的爆裂也会产生上千个方向不同的交叉纵横的缝隙，等到天气暖和，其表面开始解冻，就如同树枝脱落老树皮一样，岩石的表面层也会出现这样的情形。潮湿与霜冻两个反反复复的过程，使得岩石一层一层地脱去。我们的陆地就是这样经受大气各种各样的持续摧残破坏。时间一长，陆地上的高山就会慢慢脱落，累积成堆，最后如雪崩般地冲下山谷。且让我们看一看下面这个实例。

在 1806 年 9 月的一天，雨季刚刚结束，在瑞士的中部有个叫高尔道山谷的附近忽然传来一声猛烈的巨响。一座高 4000 余米的山——罗森博格山，其表层严重风化脱落，混着巨响直接冲下谷底。如果你能看到这个景象一定以为这是世界末日的征兆，都已经开始山崩地裂了。就在短短的几分钟内，大至边长 60 到 70 米的石块、小到沙粒等物质将高尔道和比幸根两个山谷彻底掩埋了。在这次山崩中，至少有 5000 多万立方米的沙石从罗森博格山的山坡上猛冲而下，5 座村庄被完全淹没，至少有 500 村民遇难。

在转瞬间，一座大山就这样分崩离析了，并且这还不是全部。陆地上的河流成千上万，像一张网深深地勒进地表，不用说大江大河大海，就是那种浅浅的、一伸脚就能跨过的小溪，也会带走很多泥土，当然，我们的生命离不开这些江河湖海，它们润湿土地，灌溉庄稼，提供可吃的鱼类以及交通运输等等。据科学家统计，每一年一条河流带入大海的土质多得惊人，就说恒河吧，每年带走的泥沙就是 1.8 亿立方米！在我们眼里的伟岸之山，有几座的体积能能达到 1.8 亿立方米？而一条恒河一年就吞噬了这么多土质，单单是一年也没什么，而它是持续地、年年不断地都要从大陆上取走这么多土壤，作为大海的贡礼！单单是一条河也就算了，可陆地上像这样的河流有成千上万。

恒河每年要卷走数目惊人的泥沙入海

陆地上的土壤时时刻刻都在被卷入大海，以所有河流及各类水道卷走的土壤量来看，一个可怕的结果是不难被预计到的，终有一天，陆地将会被河流一点一点地吞噬掉，还有空气的腐蚀，大海总有一天将被填满，最后海水让全球所有的陆地都消失。

陆地会消失吗

如果如上文所说，像这样日积月累，海水早就已经吞没全球三次了。也许你不以为然，认为这种陆地消失论荒谬至极。但是你必须明白，大陆海拔对于海洋的浩大来说是微不足道的。把一个直径 2 米的球假设为地球，那么我们身边最高的山峰也就是一粒尘沙。那么，把这些沙粒集中在一起，或是平铺为一个平原，它又如何能够经受江河湖海的日复一日地冲刷拍打、再加上暴风骤雨雷电的侵袭和弥漫的气流侵蚀呢？说到这里，现实或许能让我们不得不接受这样一个能安慰我们的、能让我们高兴的一个事实：我们的大陆永远不会被大海颠覆，我们的大陆能够抵挡以上所有破坏，因为我们的大陆自有它的生存哲学！

不错，我们所在的陆地曾经被海洋所完全覆盖过。证据就是那些在地层里、土壤中、山巅上，都曾见过完整的贝壳类化石。海洋在过去，如我们刚才所说的那样，它覆盖着整个地球的所有陆地，在海水里，那些贝类、泥沙、黏土等经过若干年的沉积和演化，又逐渐化成了石头和高山。由此看来，陆地还是能露出海面的，尽管它被无数的海洋史迹证明过——海水曾经占领过整个地球。

其实这都离不开内部岩浆，它剧烈的活动使整个地壳获得支撑，使之高出海平面而逃离大海的侵袭，挽救了陆地被海水吞没的悲惨结局。这是来自地心深处的神的赏赐，这样的震动越是剧烈，地壳的表层凹凸程度的差异也就越大。地心的岩浆活动不但使海底的凹凸程度加深，导致海平面下降，同时又让陆地和岛屿更加突出，这种双重性的作用效果，功不可没。岩浆一直没有停止活动，那么，大陆和岛屿也在不停地隆起，海平面也因海底凹凸差异而出现下降，所以，大陆不会被海洋淹没。所以对于地震，我们不能凭眼前的得失去评判它对人类的危害是利还是弊，它给人类带来灾难的同时也让人类免于毁灭。

自远古时期始，地球就在不停地修复自己，而它所采取的修复方式就是通过接连不断的地心活动。如若不然，地球将会怎样呢？那些高出海面的沙丘、礁石、沙洲，就是了无生趣，没有生命，人类更是不存在，最多只是保留着一些陆地的遗迹，证明一下它曾经存在过。事实上，地球正是这样不停地活动着、自我恢复，保证陆地的完美性，其博大宽广的胸怀也能因此而孕育着一代又一代的生命，永无终止。

再让我们来看一个例子，也是关于地心活动导致陆地增高的情况。1822 年、1835 年以及 1837 年在智利发生了三次大地震，虽然地震造成了严重的破坏，但是，在瓦尔帕莱索至瓦尔迪维亚之间的海岸也发生了明显的上升，这种发生陆地上升的变化沿着海岸线约有数百千米。之前潜伏在海水下面的岩石也因此而露出了两三米高，上面还附着一些或藻类或贝类等水生物。甚至在一些浅滩处还有数量惊人、铺在平地上占地几英亩的鱼类腐尸，周围数公里的空气里都弥漫着腐臭味。

据估计，1822 年那场地震使 2.5 万平方千米的大陆面积升高了一米，地震波及的范围也非常大，和北美洲整个大陆的面积差不多，陆地上升的高度累加起来相当于古埃及耗费十万人工建起来的金字塔那么高。读者朋友，你该知道地底下的力量有多惊人了吧？而人类要年复一年地修建，最后也不过是建起来一个金字塔。

即便在大海深处地心剧烈活动的影响也很剧烈。曾有一艘捕猎鲸鱼的船在距海岸 200 千米处受到了地震的影响，连桅杆也瞬间折断了。因为这艘船在两年前也曾在此抛锚停留，经过测量后，发现水的深度至少下降了 1.5 米。原在康塞普西翁海湾处停泊的船只，之前在水深 13 米的地方畅通无阻，地震后突然发现船只被搁浅，汹涌的浪花也朝着远处退去。换言之，原本畅通的航道由于水位下降使得一些暗礁、浅滩之类的障碍露出海面，使船只不能顺利航行了。

但是大多时候这类剧变都不会经常发生，而是一个缓慢的过程。地壳在上升时，人类根本感觉不到有强烈的震动发生，就如瑞典的一份观察了一个多世纪才得出的报告显示的结果那样——属于北冰洋的又围绕着斯堪的纳维亚半岛的波罗的海海面在一百年间只下降了 1 米，也就是说大陆一百年间也只上升了 1 米。还有一例子，1731 年，有人在乌普萨拉同海面平齐的地方做了一个标识，数年以后发现这个标识已经比水面高好几厘米，而现在，这个记号已经处于波罗的海水面上一米多高的地方了。

以上数例足以让我们相信，尽管大陆的某些地带可能会被海水淹没，但是另一些地带会得到地心岩浆活动的力量推动又会露出海面，使两方面达到一种平衡。我们都得承认一点——空气与水的作用是一种充满智慧的行动：它们在一边破坏陆地，同时也在修复着我们的陆地，这和翻土是一个道理；同时地心处的活动就是陆地不断的恢复过程。

第十章 火山

地球整体是一个精密的系统，地球上万物存在并保持着一种微妙的平衡。火山就好比是一个安全阀，通过火山爆发可以把地球内部多余的压力全部释放出来，使地球内部与外部的之间的平衡得以保持。

脆弱的地壳不会爆炸

或许现在已经有不少人开始担心在将来的某个时候，脆弱的地壳将在空气和海水的侵蚀下，无法承受地球的内部压力而发生爆炸。其实这是一种不会发生的灾难，没必要担心。你知道为什么破坏力巨大的地震发生的概率小吗？你知道地壳为什么能忍受长达上亿年来自地球内部的巨大压力而不会产生爆炸吗？

其实这些疑问都有解决的答案——火山爆发。地球整体是一个精密的系统，地球上万物存在并保持着一种微妙的平衡。火山就好比是一个安全阀，通过火山爆发可以把地球内部多余的压力全部释放出来，使地球内部与外部的之间的平衡得以保持。那些对地壳产生破坏力的气体和岩浆，经由火山爆发，得以释放出来，使地壳所受的压力减少，降低了应该由地震来释放的巨大破坏力。在火山活跃地区，地表的每一次剧烈颤动，都表示这一地区地壳所承受的压力已达到临界点，同时也意味着这一地区的某一处火山即将爆发。而当火山爆发后，

南美安提萨那火山

地面的剧烈颤动就会停止。所以，火山爆发就是在承担着减轻并释放地球内部压力的重要作用。

火山是在顶端有一个巨大漏斗状大洞的山丘，而这就是我们所常说的火山口。火山由漏斗下端蜿蜒的火山管道和地球内部连接在一起，而岩浆就是通过这个通道从顶端喷发出来。火山的规模大小不一，有的可能只有几十、几百米甚至小得不能称之为山，只能算是一座小山丘，而有的则高达数千米，这里面的差距在百倍以上。例如美洲位于厄瓜多尔中部的安提萨那火山，其高度为5738 米，而位于那不勒斯的维苏威火山的高度只有 1190 米，郝克拉火山的高度为 1690 米，埃特纳火山的高度是 3315 米。火山口的大小也不一样，如 1822 年维苏威火山火山口的周长约为 5 千米，而三维治岛一座火山的火山口周长有 20 ~ 30 米。以上只是个别例子，一般火山的火山口都不是很大。

火山爆发的场面

火山爆发是常见的事，现在我们就详细介绍一下维苏威火山爆发，让大家能更好地体验到火山爆发时的壮观景象。

维苏威火山位于意大利的那不勒斯，当它即将爆发时，我们可以看到有大量浓烟从火山口冒出，浓烟的高度飘到3倍于维苏威火山高度的高空之中。火山附近天空是浓烟遮蔽，生活在当地的居民已经有好几天都没有见到太阳了。在随后的几天里，火山冒出的浓烟密度慢慢加强，就像一个巨大而厚重黑色的蘑菇把火山口全部覆盖了。随后，维苏威火山及其周边区域地面开始发生剧烈颤抖，轰鸣声不断从地底传来，而且声音越来越大。最后，让人感觉仿佛有一支庞大的炮兵部队在进行大规模实战演习，巨大的轰鸣声此起彼伏，如同雷声一样震耳欲聋。

当声响达到高潮时，突然，从火山口喷出一团巨大的火焰，直射向两三千米的高空。火山口上空的黑云在瞬间就变成了一团燃烧的火焰，整个天空都被染红。天空和火云之间闪现出无数的闪电，有时还会有一道巨大的光痕在火山上空一闪而过，就好像一条巨龙盘踞在此一样。不久以后，更多的火焰被喷射出来，火山周围就仿佛在下一场火山雨。我们从远处看这些火雨，就仿佛是真正的雨滴一样，十分细小，但是实际上每一团火焰长度都在几米以上，人类制造的坚固建筑物，在它们面前完全不堪一击。火山仿佛举办一场盛大的典礼，空中燃放红色的烟花可以持续几个星期。

就在火山不断向地面喷发巨大的焰火的时刻，在火山之下几十千米的地方也没有保持平静，无数炽热的地下岩浆不断涌动，正争先恐后地沿着火山管不断向上攀升，到了火山口出汇集并最终喷涌而出。炽热的熔岩散发出着红色的光芒，不断向火山四周流窜。火山口附近的熔岩慢慢冷却，把火山口堵塞住了，这使得大量熔岩又开始积聚，火山附近的地面再次爆发剧烈震动，随着火山内部压力达到了临界点，“砰”的一声巨响，火山周边的地面又会被地下强大的力量扯开一个巨大的缺口，无数地下岩浆从撕裂的口子里奔涌而出。

炽热的岩浆奔涌着，其最前端形成一道高温火墙，不断地向前推进，没有任何力量能挡住它的前行，火墙所到之处寸草不生，百年栗子树瞬间化为灰烬，遍地是矮小的树桩残痕，不管是人类建造的厚重城墙还是世界上最坚硬的岩石，在这一瞬间只有毁灭一条路。人类在这强大的自然力量面毫无还手之力，只能遵从求生的本能四下逃窜。

岩浆喷发完毕后，在地球内部因为岩浆而无法表现的化学气体，终于等来了释放的机会。这些气体在地球的内部受到加热和压缩，已经蓄积了非常大的能量，此时爆发出来，所造成的破坏力甚至比岩浆爆发时的威力还要巨大。这些致命的化学气体喷发时把大量的火山灰和岩浆碎屑带到高空，火山灰在空中汇集成黑色的云层，笼罩着整个火山区域，不久，又被风吹到很远的地方，如果条件允许，甚至可以飘到地球的另一端。气体爆发后，火山活动才暂时停止，然后又为下一次喷发准备能量。

火山喷发物中，岩浆是最主要的成分，一次能喷发多少岩浆，我们无法估计。像 1783 年 6 月 11 日，冰岛的斯卡普塔火山喷发时，其喷出的岩浆使一条河水全部蒸发，然后占据了河道，形成一条绵延数千米，宽 60 米，最深处达到

火山爆发的精彩瞬间

200 米的岩浆河，令人们惊叹。这条岩浆河注满如河水般奔腾汹涌的岩浆，沿途使所有的河水全部蒸发干涸，最终在一条具有古老历史的巨大河渠前终止了前进的脚步。

一个星期后，这座火山又一次爆发了，大量的岩浆沿着第一次爆发岩浆流动的轨迹开始前进，在注满一座由瀑布冲击形成的深渊后，又继续前进了 90 多千米。据记载，这次的岩浆流在平原地区流淌时，宽度达到 2 万 ~ 3 万米，平均深度达到 30 米。即使在狭窄的山谷地区，其深度也达到了令人惊异的 183 米。当时岩浆流在方圆约 400 千米的地区，则是一片燃烧的海洋。我们无法想象如果这些从地球内部溢出的矿物质液体如果持续释放几年的高温和黑烟的话，对地球表面生态将会造成多么大的破坏。

沉寂期的火山是安全的，其火山口可以任人参观。灰蒙蒙的石灰岩和火山岩渣，以及焦黑的岩浆岩群使得火山区的景色有一种独特的美。火山爆发遗留的缝隙还不时地冒烟，显示着地下的不平静。如果从火山口向下看时，我们还能够看到火山内部正在燃烧的火焰。这一切构成了一幅好像地狱般的画面，弥漫着一股恐怖的气息。

旅行家亚历山大·冯·洪堡对于火山有过这样的描述：

1802 年的一天，一名印第安人陪我一起登上了位于辟齐卡火山群中最东面的一座火山。在这次攀登中，我们完全失去了方向，而且整个过程是非常惊险的。虽然我们向上爬的速度很慢，但这并没能消减我们的热情。当我们向顶峰靠近时，厚重的云层开始包围我们，我们的脚下的路面都是冰雪外壳，就在这冰雪外壳下面可能就是看不见的火山的裂缝，危险是可想而知的。由于我们处在云层包围之中，看东西变得更加的困难，甚至就连前方几步远的位置都无法看清。我们只能慢慢地前进着，当我们闻到一股硫磺燃烧的气味时，这预示火山口就在附近。令我们震惊的是，我们在下面很远的地方都看到了地面闪现着火焰的光芒，我们意识到我们目前的位置就在深渊上冰桥的边缘。我抓住了同伴的衣服，拉着他回到了安全的地方。

我们在火山口附近的一个石板上躺下休息。在我们的下方，就是非常可怕的深渊。这里的荒凉让我无法找到语言来形容。即使你有最丰富的想象力，即使是最可怕的噩梦，也想象不出这里的荒凉、阴森。这里究竟是怎样的呢？你可以试着想象有一个周长为5000米的圆形的围墙，它的墙体是竖直的，在墙头上面是望不到边际的冰雪。而墙的里面就只是可怕的无边的黑暗，如果向下望，其高度会让你头晕目眩，在远处也是毫无生机的群山，3个大裂缝横亘在附近，浓浓的烟雾不断向外喷发。

世界火山高度排名表

国家	火山名称	高度（米）
阿根廷	阿考克斯火山	7 150
厄瓜多尔	科多帕西火山	5 897
厄瓜多尔	安提萨那火山	5 833
阿拉斯加	圣伊莱亚斯火山	5 443
墨西哥	帕里库廷火山	5 400
阿根廷	迈普火山	5 386
厄瓜多尔	辟齐卡火山	4 855
西伯利亚	喀琉思科火山	4 750
夏威夷	莫纳罗亚火山	4 170
哥伦比亚	帕斯特火山	4 100
加那利群岛	坦纳利佛火山	3 710
南极洲	艾瑞波斯火山	3 700
西西里岛	埃特纳火山	3 315
冰岛	郝克拉火山	1 690
意大利	维苏威火山	1 281
斯特隆布利岛	斯特隆布利火山	700

第十一章

维苏威火山

古时候，维苏威火山也曾这样安静过，也如同奥弗涅山一样充满生机，让人神往。不像现在，它头上总是烟火不停，像朵蘑菇云，像顶千层帽。荒凉的火山锥，寸草不生，但在过去，它却是青草树木的王国，肥沃的土质。

沉睡的火山

一座大火山在喷发后可以几百年都不吐出火焰，它们等待的就是连接地心的热源，然后再一飞冲天。但是，在这以前它们很安静，被宣布为“死火山”，或者也叫“熄灭火山”。看着它们周围的草木葱茏，你可能怎么也不会想到，这里当年曾经发生过熔浆漫流，红火滔天，只是在火山口处，还能看到当初火山爆发的痕迹，就算当地不曾有人见证火山爆发，但是明显的火山口照样可以显示当年火山喷发的恐怖。

在法国一些省份，我们可以看到一些孤立的或者非孤立的火山锥，顶部是像漏斗的口状。群山连绵柔婉，就如同是天空洒下的飘带，又好像是汹涌的海涛，变化万千。有些地方非常美丽——火山口岩浆凝结而形成火山湖。漪波涟涟，夕阳晚照，看上去幻漫多姿！清风拂来，掠过湖面，绿翠环绕，山岩倒映，像一面明镜，一到晚上，漫天繁星闪烁，更加愉悦身心！多数火山的周围是辽阔的草原，稀疏的牛羊在悠闲地吃草，哞哞而叫，咩咩相鸣，其声清脆，荡漾山谷，一副安逸悠然的图画。

这些火山都曾经活跃过，但今天却十分安宁，大呼一口新鲜空气沁入肺腑，大喊一声回音游荡山谷，一派祥和之气。如今动人的火山之湖在过去却是岩浆怒吼之地；如今牛羊悠闲吃草的草地，也曾经是岩浆弥漫的山岗；而今草木丰润，微波粼粼，阳光和煦的一派景象之下，谁知道它过去发生的恐怖故事呢？这么让人心一颤的幽凉之地，有谁会怀疑它的下面不是香土、沃土呢？但是，下面的确是熔浆凝集的岩层，是一个充满恐怖的历史遗迹。那些像是漏斗状的正是岩浆喷出口，那些火山锥，都千真万确是火山爆发后落下来的烟灰类物质堆积的小山丘。在埃特纳火山周围，你还能亲眼看到熔浆倾泻而出形成的岩浆地面，那是一些黑色的足迹，就仿佛是黑色的记忆、黑色的咒语。岩浆从山顶直冲下来，淹没了绿色的草地，到现在仍然含有一股恐惧的气息。这是被摧毁的不毛

已沉睡数百世纪的法国奥弗涅火山群。
该地区如今已是青草绿树的王国。

之地，唯有些许杂草、苔藓能在缝隙中求得生存。这般死寂的景状在奥弗涅省火山山群是几乎见不着的。火山的怒吼早已悄然，那些当年冲出来的熔浆在过去的五十年内已经变得冰冷。但是，没有谁知道，这里数百个世纪以前、还没有人类的年代，这里曾经的数百座火山异常地活跃，红光漫天，壮观却又恐怖。没人知晓这个如今安静的奥弗涅火山群在当年是怎样的疯狂，也没人预知，数个世纪以后过去的恐怖是不是会再现。

古时候，维苏威火山也曾这样安静过，也如同奥弗涅山一样充满生机，让人神往。不像现在，它头上总是烟火不停，像朵蘑菇云，像顶千层帽。荒凉的火山锥，寸草不生，但在过去，它却是青草树木的王国，肥沃的土质。山底下还有庞培和赫库兰尼姆两座都市，是名震一时的富饶之都。公元 79 年始，它像苏醒过来的魔鬼，喷出岩浆，灾满人间。山脚下两个都市从此就被埋在炙热的熔浆中。一直到 18 世纪的中期才被考古队把它们从数米深处翻将出来，古建筑，人体，都还完好，只是都变成了一堆化石。从那时起，维苏威火山活动频繁。那些死了几百年的火山，都有复活的可能，同活火山一个样，随时都会发生喷发。安静的农场，美丽的牧场，海底等，都是睡着的火山，有一天忽然迸发也不是什么难以理解的事，顺便再举数例。

再次醒来的火山

1538 年 9 月，那不勒斯市民惊奇地看到海面上冒出一个大水泡，周长约 2 ~ 3 千米，同时，这个地区两年来经常有地面颤动的现象，在 29 日的凌晨，这个水泡处突然传来一声巨响，声震水天。那是火山爆发了，喷射物直冲云霄，然后又落到附近以及火山口，只在短短一天内，各种喷射物就堆成了高达 144 米的山丘。后来又断断续续地喷发了大约两天，还引发了波佐利湾水灾，洪水泛滥，导致那不勒斯各类建筑瞬间化为乌有。市民闻声而醒，到处逃生，妇女儿童的哭喊声不绝于耳，男人们急忙拖儿带女，胡乱打点行装，准备一些日常用品，带着家人速速逃离了家园，离开这个生他们养他们而又要想毁灭他们的地方。

1882年维苏威火山爆发时的情景

在逃亡的路上，野禽的尸体、浅滩处的鱼儿都随处可见。

直到第三天火山方喷发才终止。那些胆大又好奇的人就走上火山锥，发现一个138米深的喷口，底下依旧蒸汽弥漫，岩浆滚沸。再过了17天平静的日子后，大家认为会平安无事了，于是又有些人上山去看，不想，却遭遇被岩浆吞灭、砸死以及被浓烟窒息的危害。火山喷发持续了好久，才归于平静。

后来，人们把这座一夜而成的山锥起名为西努奥沃峰，意思就是新生的山。目前该山周围富饶，生活宁静。它目前处于休眠状态，没有什么危险。

18世纪，墨西哥一片广阔的平原上也遭遇过同样的灾难。同样，那里曾经环境优越，土质肥美，盛产稻米、玉米、水果、甘蔗等农作物，农民安居乐业。但是，他们怎么也不会想到灾难即将来临。1759年的7月，人们听到地下偶尔传来轰鸣之声，地面也有震动，但都不以为然。到了9月，情况变得严重，附近四五千米方圆的平地有微微上升的迹象，在不知不觉中竟然升高了168米。而后就是一个个高为两三米的大土包从地面拱出来，直到一声巨雷般的声响——火山爆发，火山口附近形成了6个火山锥，其中一座火山高483米，就是现在的卓如陆火山。到了次年2月，新火山又开始了频繁活动，不断喷出各类物质如固体物质、酸性气流等。还有一条浇灌平原的河流，也被卓如陆火山喷出的岩浆所侵占，水流消失。

火山爆发40年之后，地理学家亚历山大·冯·洪堡曾来到这个城市，当时，那一座火山还在暗暗地咆哮，在蓄积着自己的力量。在火山爆发的20年后，在裂缝处几英尺的地方，温度仍然很高，能够点燃雪茄，火山锥上的烟云不散，至于那条之前已经消失的河流，则已经在另一个地方变成了温泉。此后温泉也冷却了，这片土地又和以前一样，恢复了生机。

还有更可怕的是海底火山爆发。1831 年 7 月 10 日，一个船长正航行在地中海上，发现附近一处水波沸腾，弥漫着大量水汽，还有死鱼漂浮出来，并不时传出闷雷声，正感到纳闷时，就看见一股水柱冲天而起，大概有 20 米宽，800 米高，反复数次，空中 500 米的高处水蒸汽弥漫，遮蔽了整个天空，就仿佛是一团蘑菇云。那可不是鲸鱼出现造成的，船长不知道将要发生什么。这其实是地中海底下的一座新火山爆发了，迸发出来的东西全都带着硫磺味，夜间还有强烈的火光，这一片的海域全都被照亮了，景色十分壮观。一个礼拜后，船

海底火山爆发

长返航归来，再次通过这片海域时，发现那里新出现了一个小岛，上面还冒着浓烟、水蒸汽，周围都是些火山喷发出来的物质累积堆，还有无数死鱼。两周后，一些地质学家闻讯赶来，对此岛进行了考察。

地质学家首先在距离此岛 1000 米处进行观察，发现小岛在水面的周长大概有 1000 多米，高 20 米。当时，小岛的火焰还在燃烧，岩浆仍然不断冲出，上空布满了水雾，厚达一千米。火山喷发的岩石、火星，不断从高空落下，像是天上降落的火冰雹，坠入水里，蒸汽升腾不止仿佛要把海水煮沸。每一次岩浆的迸发都伴随着隆隆之声，响过之后会有约一刻钟左右的平静，这个期间会有大量的烟雾冲出。

到了 8 月 4 日，这个小岛已经高出海面 60 米，周长也增加到 4 ~ 5 千米左右。可以肯定，火山如果继续活动，这个火山岛还会继续升高变大。但一个月后就复归了平静，再去观看时，危险已经不存在了。这个岛后来被命名为格雷姆岛，遗憾的是这个火山岛的生命不长，在海浪的拍打下慢慢变小，在当年的 11 月就被海水吞没掉了。后来，附近又发生了海底火山爆发，但没有新岛屿形成。1863 年，该火山被宣布为死火山，它永远没入水底。

如上述可知，大陆海底都蕴藏着地热，到了一定的时候，它们积聚的能量随时都会捅破地表，将熔浆喷发出来。

第十二章

地球上的火与水

随着时间的推移，地球表面的温度开始慢慢降低，地球的外壳也变得越来越厚，等到地球表面熔浆凝结和冷却，不再散发光芒和热量的时候，地球就结束了作为光球的发光时代。

地球形成之初

我们从所观测到的事实可以断定，地球在形成的初期，就好像一个被高温熔化了的巨大铁球，球体全是熔化了的高温熔浆。在漫长的冷却之后，才有了一个被地表包裹，四处烈火喷涌的大火球，此时的地球，洋底和宽广的海岸线都不存在。只是在地表逐渐有不规律的运动后，才为日后形成海洋和大陆架创造了有利的条件，地球表面的高温熔化的物质就好像是熔化了的金属液体，一直在缓缓流动，经过漫长的演化，地表外层的液体，慢慢冷却之后，逐渐成为一个拥有炽热固体外壳的地球，那时，外壳就如同蛋壳一样，包裹着地球内部。在冷却的初期，地球的外壳依然炽热。

随着时间的推移，地球表面的温度开始慢慢降低，地球的外壳也变得越来越厚，等到地球表面熔浆凝结和冷却，不再散发光芒和热量的时候，地球就结束了作为光球的发光时代。然而此时的地球也不是我们现在这样拥有蓝天白云、青草流水的生命之球，相反，此刻地球的大气层充满着各种各样浑浊的有害气体，能见度非常低，不过这也恰巧有效地阻止了从太阳射来的有害的射线对地球的伤害。

在地球的坚硬外壳之下，仍然包裹着还处于不断流动的高温熔浆，由于地心熔浆和地表层间的互相挤压，产生了强大的作用力，地表在这种强大作用力之下，逐渐变得凹凸不平，例如我们今天所看见的高高的山脉、广阔的平原、深陷的峡谷以及各种令人捉摸不透的深海地形，都是在这种作用力下形成的，这种作用力对地表的改变过程，就如同一个原本水灵饱满的石榴，因为严重失水导致表面皮燥，最后全身上下布满裂口和褶皱，两者的情形是相似的。

现在，让我们来仔细研究一下这颗石榴如何变形的？它的果肉被原本光滑饱满的果皮紧紧包裹，极其可人，让人垂涎欲滴。但是，经过一段时间之后，表皮因为失水，慢慢变得紧缩枯燥，体积也因为失水而缩小，但是它逐渐枯萎的表皮没有像它的果肉那样蔫缩，这是因为石榴本身表皮所含的水分比果肉所含有的水分少，皮还是原来的皮，所以大小并没有发生什么改变，但是果肉在失水方面却远比果皮严重，所以石榴表皮略塌陷，大小褶皱不断，而我们所见到的地壳在从地表形成之日起，就在演绎着类似于石榴形变的整个过程，此时的地球，就如同一个表皮褶皱不断的失水石榴。

地表内部包裹着大量的熔浆流体，它们不停地向外散发热量，地壳也一样，但热量散发得要少，所以它们所造成的地表收缩程度，比单独由地壳散热形成的褶皱和收缩更为明显，但是，由于地球内部的熔浆处于不断散热状态，持续地提供给地壳支撑力，当内部熔浆无法再为地壳提供支撑的时候，可能会产生这样的状况：随着地表的褶皱不断加大，具有延展性的地壳将会产生更大的褶皱甚至是折叠来包裹地心。又或者地表的延展能力比较弱，但同时巨大的重力又让它承受了巨大的反作用，最后导致地表支撑不住而碎裂，然后发生严重的坍塌，这样的坍塌地壳使外壳的凸凹不平更加明显。随后，这种不规则的地表在经过长年累月的雨水冲洗、风沙吹刮、地震，以及地壳升降运动等各种作用之后，就逐渐形成我们今日见到的高山、丘壑，平原、孤岛和海沟……当我们站在喜马拉雅山脚之时，很难把观察到的地表同一个石榴发生褶皱的原理相类比，同理，当我们用地球上一个微小褶皱来比拟一座座伟岸山脉之时，眼前的高山大壑就显得不那么重要了。

很明显，地壳自身的厚度和坚硬程度，决定了后期地表的不平坦度。相对而言，当地壳的性质是薄而柔韧性高时，在熔浆减少时，将会随着地心熔浆缓慢地塌陷下去，可能会形成褶皱适中的波浪形褶皱，而当地壳的性质是柔韧度较小并且地表本身较厚时，在架空以后，所受到的挤压力会不断加大，在超过一定限值之后，地表将以皴裂这种猛烈的方式发生地球表层的褶曲，在这种情况下，地层会发生倾斜升降或者接近于垂直的升降。在对后来的地壳研究中，科学家们就是通过观察地层的形态，来推断该地层的生成时期。通过资料显示，类似圆形山尖的小山，其形成时期可以追溯到史前，然而，喜马拉雅山脉和安第斯山脉这类突然拱出地表的山脉，形成时期就要晚得多了。接下来，我们将介绍用怎样的方法去判断和确定两座形成时期远远早于人类历史的山的年龄。

地表的破裂要经历一个漫长的过程，在很长的时间之内，它本身拥有的弹性消失得非常缓慢，地壳会随着熔浆的流动而运动，但是它所造成的影响却需要几个世纪才会察觉，同时，当地表外壳和熔浆之间的相互作用力不平衡时，一旦到达极限，就会产生地壳的破裂，可能会出现类似于垂直地块的相互升降，造成相互挤压，最终形成地表褶皱的雏形。随着地壳继续不断的运动，起初的海洋底会抬升形成山脉，广阔的大陆有可能会塌陷形成海洋。此后，地球的结构秩序会重新组合，地表则又开始积蓄着再一次造成地表破裂的能量，就这样，地球在一次次的修复过程中，不停地改变着它的外表，使大陆和海洋之间的轮廓得到改变， 例如现在的喜马拉雅山脉存有曾经深海才能拥有的鱼类的化石，这也是能证明地表运动的最好证据。

我们现在的地球，正处于这样一个时期，地心不再剧烈运动，地表受力也刚好处于平衡和稳定状态。所以，此时的地球就非常安静，但是地球还在继续它的运动，等到有一天，运动剧烈起来，那时，陆地将不再是陆地，海洋也将变得不是我们熟悉的样子，显然，这和我们现在所熟悉的地球现状是有很大的不同的。很多事例告诉我们，我们脚下的大地，处于不稳定的状态，因为地心内部的火焰没有平息，地球表面的每一寸土地还在进行着肉眼所不能察觉的变动，地表早晚将会出现再一次动摇，继续它的发展。

地壳破碎以后，地心内部的熔浆受到巨大的挤压力，开始四处流窜，或者沿着裂缝注入其中，而裂缝在被注满以后会因为挤压而冲出地表，有的流体还将会以液柱的形式喷离地面，然后又在地表形成流体，好比在一片冰封的河流之中，水流会从一个破口处流出，最后在冰面上流得到处都是，二者的情形是相似的。只有当温度降低以后，流出的水又将会重新凝结成冰，或者破口处也会被冰冻结起来，形成凹凸有致的冰脊。地表刚刚形成之时，薄弱的地表层就是处于这样的变化形式，喷出，冷凝，循环往复，最终才形成坚硬的外壳。

地壳

地壳在开始阶段，只是一层经过冷却后薄薄的熔浆，当地心的熔浆因为受热，会向外膨胀时，就像蒸馒头那样，在地壳表面会形成许多凸起来的大型气泡，而熔浆就从这些突起的气泡顶部流出。经过一段时间后，流出的物质会冷却、凝结，再变硬，然后地球内部的熔浆再一次被巨大的压力所挤出，在地面上，那些流出的熔浆在冷却后都形成了一条条或大或小的地脊，相互交错，有的甚至已经高入云峰。这种变化影响非常巨大，而且作用广泛，今天地球表面的陆地，一半以上都是由地心熔浆组成的，其余部分是雨水冲刷下来的沉积物。

破碎倾斜的地壳表层再加上不断流动的地心熔浆，在冷却重组后，最终形成了山脉，但是，倾斜的原断层处，却依然是比较脆弱的，所以，断层的沿线地带就成了现在的多发地震区。同时，在地壳断层地带，还会有许多火山不规则地分布着，就好像烟囱，和地球的地心相连。在这些地方，地热更容易被传导出来，到达地表，这就是地球上为什么有些地方温泉的数量会比较多，并且还比较集中的原因。

当地球的全身被坚硬的地壳包裹，地表完全冷却之后，地球的外部大气层也发生了很大的变化。起初是炽热的地表阻止着水的形成，因此，大气中一直存在着许多水汽。此时，地表的温度比过去下降很多，所以，大气无法阻止它的降落，我们应当承认：当第一滴雨珠轻轻落在地表之时，它的撞击就是地球一个新的纪元的开始。接下来，便会有更多的雨珠降落，虽然一落到地表就被蒸发，但是很快它们又凝聚成雨珠，再一次降落到地表。就这样一次次地循环往复，当地表的温度使雨珠蒸发，降落的雨量也就会越来越大，水冲刷着地表，在低洼处聚集，不断循环。

阴沉沉的天空一场声势浩大的暴风雨即将形成，闪电划过天空，刺破苍穹，如同蛟龙般叱咤天空，巨雷声一遍遍炸响，喜马拉雅和安第斯的超级飓风吹得地表摇摇晃晃，天空如同打开的洪门，积蓄已久的雨水，全部都被倾泻给大地，天地被连为一体，瞬间水柱倾泻而下，飞瀑直落，大地在巨大的水流的冲击下，为之颤抖，狂虐的暴风雨和肆无忌惮的飓风，都在尽情地欢歌。

当天空终于晴朗的时候，落下的水流已经聚集在低洼处，大地被一望无际的水域覆盖，这就是海洋，不过这海洋和现在的海洋不同，它的海水不断沸腾，不断翻滚，海水里有各种冲刷物，黏土，泥浆，浑浊不堪，就好像是一锅豌豆粥。在水面上，还偶尔可以见到露出的礁石或是山巅，水浪不断冲击它们，不断击起些许泡沫。波浪随着水面不断四处推移，找不到任何可以依靠的地方。直到最后，地壳因为不断运动，断层的升降产生了今天的大陆架，陆地和海洋有了明显的分离，但是，地壳还在不断调整和运动，海水和陆地在这种运动的趋势下，才逐渐融合成型。

当天空中的水全部落下后，地表被填满，大气层也发生了变化，摆脱重负。天空中已经没有多余的水汽，甚至连一丝的雨云也不存在。3500 年前一位宗教史学家提出“天空下、天空上的水相互分隔开”这句简略的话就很好地概括了地球上海洋的形成。并且这一说法也被当今的科学家们证实是正确的。科学家们通过观察现在的地理事实，推测出了远古壮丽的我们所看不到的景象。

地壳在容纳了大量高温的降水后，发生了明显的质的变化，早期的岩石结构因为经受了雨水冲刷而分裂，并且变得松散，形成许多小块，随后又被海浪的力量所瓦解，脆弱的物块变得粉碎，海洋的积聚物就是这些由细沙、石砾、黏土、污泥等积聚物组成的热泥浆，最终，这些沉淀物便形成了海底最初的硅镁淤积物洋底。

之前，或者还在这之前，陆地已经开始出现了，陆地的出现主要归功于地表的运动，地表运动让地层抬升，陆地就漂浮于熔浆的波涛之上，于是，第一块陆地就这样出现了。不得不指出的是最初形成的陆地和现在我们所见到的陆地完全两样，尤其是当时的法国，只是一些散落在浩瀚海洋中的小群岛，而不是现在的大陆；而当时最大的陆地，在漫长的时间中，却一点点沉入海中，当然，现在已经完全消失，只留下一些遗迹供科学家们研究。最早的陆地是非常荒凉的，地面上到处是岩石层，以及光秃秃的火山遗迹，可是这并没有阻止生命脚步的到来，它还是不可阻挡地来造访地球了，从此以后，贫瘠的大地上出现了绿的身影。

那些被雨水冲刷下来的岩石沉积物，随着河流被冲入海洋，在大海里和海洋中的混合杂质一起经过分层沉淀，形成了分层矿物质层，这些就成了海洋生物的养分，使海洋成了孕育生命的摇篮。河流不停地带入新的矿物质，新夹杂进来的矿物质和原始生物的遗体结合在一起，在海水的压力下岩层开始变得硬化，再经过地壳的不断抬升运动后，原来海底的岩层就变成了陆地，有的岩层甚至被抬升到山峰的顶部。这就是为什么在高山的岩层里面还能见到远古海洋生物的化石的原因。

火与水中的地球

地壳的形成离不开火与水的相互作用，前者将地心的熔浆熔化转化为火山岩（也称为深成岩）组成地壳，而后者则是将地球表层的陆地不断冲刷然后搬运至海洋中形成沉积岩（也称尼普顿岩）。

在高温下，被熔化或者是相互熔合的固体物质，在变冷之后，就形成了结晶体，其结晶面的大小和温度关系密切，如果温度降得比较慢，它的结晶面就很光滑，形状也有规则。例如火山岩是从地心喷涌而出的炽热的岩浆，但在冷却后却呈现出晶体结构的外观，这是无数晶胞的组成体。晶体是溶解它们的液体在蒸发后而结晶出来的一种固体物质，每一种可熔化的物质都具有这种性质。

花岗岩是一种最为常见和被人谈论最多的结晶岩，花岗岩名称来源于它自身非常明显的颗粒状结构，它的特性在岩石中也显得非常特殊。花岗岩主要由三种物质组成：石英（即硅石）、云母和长石，石英属于白水晶的组成成分，性状就好像玻璃一般，当金属敲击时会迸发出火花，所以花岗岩可以用来制造打火石。此外，根据颜色被分为三六九等的玛瑙，和澄澈胜似玻璃的白水晶在性质上都属于硅石。硅石是由多种物质组成的混合物。而同时它又是许多矿物质的不可缺少的组成成分，俗称硅酸盐。云母就属于硅酸盐的一种，外观好像是镶金嵌银的片状物，闪闪发光，云母所呈现的颜色也非常多，例如黑色、绿色和浅红色。长石则是包含了硅和石灰的硅酸盐，呈白色略带丝绢光泽，是一种长方形的结晶状物质，这些都是区分花岗岩的显著特点。

还有一点要强调的是，深层岩是包含了硅和多种矿物质在内的硅酸盐，大部分的深层岩会反射光，其自身的硬度和价值由它们的结晶形式来决定。

深层岩中的许多晶体结构在沉积岩中是不存在的，沉积岩的常见晶体结构主要是海洋中的沉积物分层后，经过海洋的巨大压力，在千万年中逐渐变硬所形成的。石灰石、白垩、大理石都属于沉积岩，它们的成分包含有石灰，一遇到酸性物质时将会释放出气体，这一性质是其他深层岩所没有的。它们在水里就变得柔软可塑，砂砾和鹅卵石则是地表被海水冲刷撕扯留下的碎片，最终，海洋又把它们压合在一起，最后形成了砂岩。

沉积岩的沉积是按一定顺序进行的，形成的岩层中夹杂了石灰石、砂石、黏土以及其他很多物质，形成了厚厚的沉积层，岩层越往下形成年代也越显古老，同时，地层在受到海水的沉积作用后，也呈现出规律的分层。在没有地壳运动的影响下，岩层保持水平，因此它是地壳最为显著的特征——地壳的层化，这是深层岩所不具备的。岩层在受到深层流体的压力作用后，就会发生破裂，使之前的组织结构完全改变，后来又经过地壳升降，断层作用，成了陆地上一个个独立的山峰、山脊和各种各样的土垒。但是现在我们却很少看到山峰具有这样规则的岩层，或者说，它们还都未成层。

在沉积层中，还夹杂着许多有机生物，它们都生活在和沉积层相近的那个遥远的年代，最后经过沉积，它们的遗体也变成了化石。而化石成分则是那个时期的贝类和鱼类占据了最多，有的岩层甚至全都是化石层组成。但是有证据表明，在深层岩中，我们却从未发现过全部是化石的情况。并且以后也不会出现这样的情况，因为深层岩是由地心深处的熔浆经过冷却后形成的，那里没有生物来形成化石。

第十三章

地球的脉络——山脉

如果我们把欧洲所有的山脉夷平，将多余的部分用来填平所有的平原和山谷，这样一来，整个欧洲大陆就会达到水平状态，其效果就是像将一个巨大的斜坡从一头到另一头完全推平来达到平坦。

熔岩与海洋的战争

地球内部的熔岩和地球表面的原始海洋是针锋相对的敌人，它们在地球上争夺属于自己的领地， 地球上现在的陆地面积只占全球总面积的1/4，海洋面积占据了3/4，而且陆地并不是以一块完整的大陆存在的，而是经过持续的弯曲、断裂、折叠和其他各种运动，经历了各个方向的冲撞，最终形成了现在不规则的各种形态。以某一地域为例，沟壑和地壳的可怕溶洞与高耸入云的高山接壤；但在其他地区则是几乎与海平面平齐的广袤平原。因为这种变化无穷的地貌的存在，我们始终测量不出完整的地球地貌。因此我们只能借助于下面介绍的地貌不规则测量法对地球地貌进行分析。

如果我们把欧洲所有的山脉夷平，将多余的部分用来填平所有的平原和山谷，这样一来，整个欧洲大陆就会达到水平状态，其效果就是像将一个巨大的斜坡从一头到另一头完全推平来达到平坦。在完成拉平工作之后，欧洲大陆仅仅比海平面高出 205 米，我们将这个高度称为平均海拔高度。再用同样的测量方法，可以得出亚洲的平均海拔大约是 350 米，美洲大约为 285 米，而非洲的海拔还未确定，原因在于我们还不够了解非洲大陆的内部构造。

相对于海面而言，大陆的平均海拔为 300 米。如果以一个直径为 2 米的地球仪来进行对比，那么这个高度就和一张纸的厚度差不多。就是这样的陆地，每天还必须承受着河流的冲刷和海洋的侵蚀。

为什么不将这些微小的浮渣从地球的表面上抹去，将它们归还给大海的深处呢？这不是什么难事，只要一直控制自然力量的那只手让地心熔岩爆发，整个陆地就会塌陷并沉没到波涛之下了。1822 年智利爆发的一次地震就使 2.5 万平方千米的土地上升，平均海拔升高了 1 米。海面下只要有 300 次这样的震动就几乎能够形成与整个地球大陆面积相同的陆地，但是如果海面上 300 次这样的震动所造成的破坏作用全部是下陷而不是上升，那么现在的整个陆地都会被吞噬——但这种假设几乎是不存在的

如果整个大陆从形成之时起就是一块完整的平原，如同我们之前假设的平均海拔被拉平的欧洲，那么世界会是什么样子？或许在一片毫无变化的单调的土地上，分布着一些零星的居民，他们稀稀拉拉地分散在平原上，脸上是相互企盼的悲惨表情；也或许，整个世界根本就是一片荒漠。事实上，山脉的存在不是以其宏伟高大来取悦人们的双眼，也不是用它们高耸入云的山巅和巍峨雄伟的外形来缓解地貌的千篇一律，山脉更重要的作用，在于它有着更重要的意义。没有它们，地球上的水就无法完成正常的循环，所以它们被当作让肥沃土壤的功臣。在被云环绕的山巅上堆积着厚厚的积雪，这些贮存的雪在融化后可以终年滋养河道；在山腰，由于受到暴风雪的缓慢侵蚀，种植就有了合适的土壤，这些土壤被冲进山谷，使得大地得到滋养。每一座山都促进着平原变得肥沃，供给水来促使庄稼生长。

这不是异想天开的故事。当地表变得不规律，有平原，山脉和山谷等多种地势后，不仅陆地变得富饶肥沃，连同它的物产也变得丰富。潮湿的低地拥有绿色的草原，广袤的平原上长满茂密的庄稼，山腹中还可以建造了葡萄园，群

山被密林覆盖。在平地上是不可能有如此丰富的地产的。通过巨大的地下熔炉打破地壳而产生多变的地貌，就使得地球充满无尽的生机。光秃不毛的山峰为了造福于脚下的平原，终年在山顶上覆盖着的皑皑积雪，是上天慷慨赠与我们的宝贵的无价礼物。

山脉是突出于地壳的、向上倾斜或向上弯曲的连绵排列的茫茫群山，它是由先分离后折叠的剧烈地壳运动形成的。让我们来看山脉是如何形成的两个步骤。

拿一本书，用手指捏起几张书页，将它们向内进行压折。折叠起来的书页就变成了圆弧型的曲线，但书页还是保持着原来紧挨着的顺序，它们弯曲的形式是一样的，在弯曲书页构成的拱顶下端都具有一定的空间。如果从书页的侧面施加给它一个力，会出现什么状况呢？由层理构造的沉积岩组成的地壳的地层因为受到来自地下熔岩释放出来的巨大的能量所引起震动使地层发生折叠弯曲，但它本身的重叠顺序并没有得到改变，因此这些折叠起来的岩层到后来就变成了山脉。

当然，地壳的岩层发生曲折远比书页的折叠复杂得多。因为地层是由大量岩石层所组成的，有 1000 米厚甚至更厚。但是在使大陆断裂，使小岛从海面升起的不可抗拒的力量面前，地层的厚度就变得渺小，就像蜡一样柔软容易曲折。地层发生折叠似乎很难理解，因为我们会不知不觉地将这种巨大的力量与根据我们意愿来达到某种目的的装置进行比较。但我们所掌握的机械装置充其量能够将几立方米的物体抬起，是无法和能够粉碎地壳将安第斯山脉和喜马拉雅山脉升起的这种力量进行对比的。但我还需要提醒你，尽管山脉看起来非常伟岸，但在广阔的地球面前，它们的存在依然是微小的。就像我们不难理解用手指压迫书页可以让它们发生弯曲或折叠一样，通过横向施加压力在厚重而坚固的地层也能使其曲折形成山脉。

在地层曲折形成的拱顶下有一部分空间会留下，一般而言，这个封闭在地表下的空间并不大；很显然，在地层下沸腾的地熔物通过依赖着位于核心位置的花岗岩或其他深成岩，对于整个山脉有支撑作用。如果我们能够将山脉中的一座山从顶端到底部垂直切开，就可以看到横截面上呈现出连续的山的轮廓一致的沉积岩的横行纹路，在这些横断岩层下就是由大量普路托岩都会在巨大压力的挤压下发生曲折。有些时候，整个厚重的曲折层会破裂，熔化的地心物质从这裂缝中不断向上喷涌，一切阻挡它们出来的物质都会被推开。山脉的顶峰就是由这些喷发出的深成岩组成，而两侧的山坡则是由这些破碎的沉积层构成。白朗峰就是典型的这种结构的代表，花岗岩构成了它的山巅，而包含石灰石，泥灰，沙子和砾石在内的沉积岩就是它的山坡和山脚。

山脉的类型

通常山脉都有两种类型：一种是明显的地壳皱褶，是一系列轮廓呈圆形的连续的隆起所组成，主要是程度或大或小规律的弯曲的沉积岩；另一种是由于地壳受到剧烈的震动而使断层发生纵向的断裂，巨大的深成岩突出地表，形成了山峰和山体，由此形成绵延的山脉。因此，当在山脉表面发现一贯形成山脉顶峰和中心的深成岩的时候，那么这个山脉的山坡和山底肯定是由向上倾斜而出的沉积岩构成的。所有的山脉都离不开这两种形成方式，典型的代表是阿尔卑斯山脉和比利牛斯山脉。当你发现这两种岩石是混合的地形时，特别是含有非常好辨认的深层岩，如花岗岩，那么它们一定是受地心内高温的影响，是火山喷发出的流体熔岩所形成的。现在，我们应该花点时间来对这些证据进行探讨。

地表存在高温期的证据就是贯穿地层的各种各样的海洋沉积物和随后凝固了的形成岩石的火山喷发物质。关于地表的高温记载是明确的，如果我们注意一下石灰石，石灰以及各种不同的沙石在炉膛中燃烧或煅造的情形，就会明白这一点。通过下述说明，你会对此知道得更清楚。

石灰石受热会发生分解，然后挥发出碳酸气体，石灰这种物质就会被留下来。石灰的生产就是遵循这个原理。但是如果把石灰石密闭在一个金属容器内，比如一个严格密闭的金属管内，分解出的碳酸就没有地方可逃，那么，它的分解过程就不成立。在这种情况下，石灰石的化学成分没有发生改变，但在经过缓慢的冷却结晶过程后，用于此实验的最初的石灰石不管是普通的石料还是粉碎的白垩，都被发现形成了如同结晶糖块一样的紧实的白色块状大理石。这种通过高温时粉状的白垩转化为坚固紧密的块状大理石的试验，由物理学家詹姆斯霍尔第一个做出来的。

当熔化的花岗岩或其他深成岩从地心喷发出来后，石灰石在遇到这些热熔物质时会转变为大理石，这样形成大理石有时是纯白色的，有时还会覆盖着有色纹理。这些深成岩，当它们被强大的力量喷出并落到沉积岩层上的时候，就如同霍尔实验所验证的，深成岩接触或靠近沉积岩时，沉积岩中的石灰石成分就会发生改变，但覆盖在其上的深成岩又阻止了碳酸气体的挥发。同样，深成岩使沉积岩变质脱气变成了煤炭，就像现在煤气厂使气体从煤炭中分隔开来的道理一样。同样的道理，沙石经过密闭高温会变得如同玻璃一样，我们常说的石英这种玻璃状物质就是这样形成的。黏土在这种作用下也会发生硬化，就像在制陶工人的干燥炉中被烤干一样。

从地球各地所观察到的种种事实让我们得出一个重要的结论，这个结论肯定是正确的：从白热化的喷发出的花岗岩构成了山脉的主要构架，这种溢出地面的地下热熔物质在现在已经冷却变硬。在它们最后变成被白雪环绕的高高的顶峰之前，它们都是巨大的心熔炉内涌动的熔岩波浪。

变化着的地壳

我已经谈到过陆地不会永远保持目前的现状。随着地壳的活动它们还在进行着连续的程度不同的变化，不断地形成山的曲折和褶皱，还在不断地改变着海平面的高度，并将它局限在一定的范围内。所以，所有的山脉并非在同一时期同时形成，有些山脉很古老，而有些山脉则相对较为年轻，但它们永恒的变化就标志这我们这颗星球不同的历史阶段。关于地球的研究，在这一点上我们一直在思考，我们的山脉形成多久了？

年轻的读者，在覆盖着漫长世纪尘土的古老建筑面前，我们会赞叹它们的伟大，并欣然地低下我们的头颅以示尊敬。当旅客站在埃及金字塔和同一时代的法老面前时，在他们的心中自然充满敬畏。那么，又有谁在凝视这些群山的时候会想到这些汇集全部人力都无法建造的伟大的奇迹，这些古老的在人类还没出现前就出现的群山，它们已经存在多久了呢？科学无法精确地告诉我们每一座山脉形成的准确时间，但是它可以大致地告诉我们环绕着平原并耸立在其上的山脉的出现的先后顺序。它会尽可能地指出在某个大范围内的山脉出现的时间，告诉我们它们相对而言的山龄是多久。我们可以断言，汝拉山脉的顶峰在比利牛斯山脉刚刚形成海底沉积岩的时候就已是高耸入云的样子了，而比利牛斯山脉山巅直入云霄的时候，阿尔卑斯山脉才刚刚开始在海底沉积。我们可以确定，汝拉山脉早于比利牛斯山脉，而比利牛斯山脉又早于阿尔卑斯山脉，但其他我们无法确定。现在，让我们来看看在我们贫乏的所知面前，是如何得到这些重要的信息的。

当矿物质在海底开始沉积的远古时代，这些物质已经经过几百万年的沉寂慢慢变硬，逐渐变成水平的岩石层。这些沉积层或者说地层，厚度相当大，是由各种不同的沉积物组成，它们一层接一层，有时是石灰石，有时是黏土或者沙石，有时还掺杂着不同时期死去的海洋生物尸体的化石，就像陆地上的动物一样。当时间流逝时，出现在不同时期的动物种类是完全不一样的。让我们来一个简化说明，假设已经沉积形成的海底的地层是由 3 层构成的，那么位置最靠下的一层地质年代肯定最久远，而最上层的物质最靠近现在。而中间层则是在第 1 层沉积之后，第 3 层沉积之前所沉积的。

想象一下这样的海底层曲折或隆起冒出水面而形成的山脉。如图 16 中 D 图所示，3 层地层在弯曲程度是一致的，最后共同构成了山脉的框架。C 图所示，是海底层发生早期隆起的情形——即地层 1 和 2 已经沉积形成，稍早些形成的山脉只包含地层 1 和 2。同样的，海底隆起如果发生的更早一些，在地层 2 形成之前就发生隆起，那么地层 1 就会独自构成山脉的构架，图 B 演示了这种情况下形成的山脉的横截面。这幅图示很清楚地说明了 3 种不同结构的山脉，形成

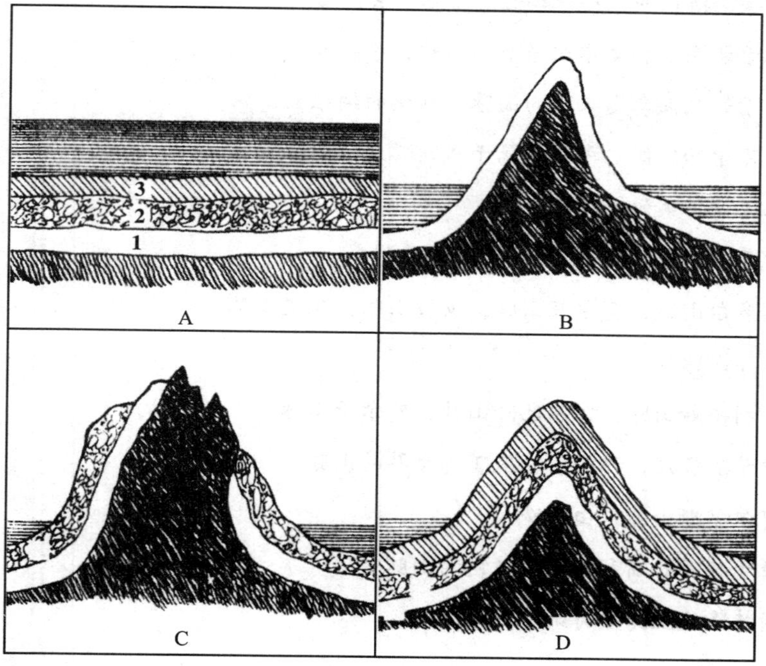

图 16

时期最早的是 B 图所示的山脉，在缺少两层沉积岩的情况下隆起突出海面形成的山脉。次早期的山脉是 C 图所示的山脉，它比 B 图中多了一层沉积岩。最后形成的山脉是 D 图所示的山脉，由 3 层沉积岩共同构成。

通常，科学家告诉我们某座山脉比另一座形成时期早的依据是构成它的沉积层缺少一种或几种。汝拉山脉比比利牛斯山脉山龄老的原因是它覆盖层中缺少像比利牛斯山脉那样所包含的某种海洋化石，而断定比利牛斯山脉比阿尔卑斯山脉形成时间早的原因是我们还没有在比利牛斯山脉中发现构成阿尔卑斯山脉的所有地层。用这种方法，科学家可以确定地壳发生变动形成陆地的几个主要历史时期是在什么时候了。

以下是按照年代远近排序列出了不同历史时期地壳活动所形成的山脉的名称，它们都是法国的主要山脉。

紧挨圣洛的布列塔尼山脉，阿登高原台地

位于北海滨和莫尔比昂省的山脉，孚日谷地

位于菲尼斯泰尔末端的山脉，斯堪的纳维亚山脉

卢瓦尔和坎佩尔之间的属于布列塔尼省山脉

位于博若莱的山脉

位于图林根州的山脉

科多尔山脉，莫尔旺山脉，汝拉山脉，赛文山脉

多芬山脉

比利牛斯山脉，喀尔巴阡山脉，巴尔干山脉

位于奥佛涅，科西嘉，撒丁岛交界的山脉

阿尔卑斯山脉，白朗峰

位于普罗旺斯和西班牙境内的山脉

斯特隆波里岛埃特纳火山

第十四章

河谷和平原

一条河流塑造地形的力量是有的，尤其是在河床上因为流速快速降低时，不可能降低两岸的大堤和降低水流的渠深，所以很难找到一条溪流能够仅凭自己的流动循环就能把山谷踏平，并使之变为河道。

山谷的产生

如果把地球看作是人类的园林，那么山峦就好比是河流的巨大储水池，而山谷的作用就是灌溉的水渠。大地上的每条沟渠都是河床，引导无数的溪流流向需要它们滋润的地方。

那么地球表面上这些被当做灌溉水渠的纵横沟壑是如何产生的呢？难道是奔腾的河流自己的杰作吗？河水有那么大的力量能够仅凭自身的动能就可以在坚硬的岩石上刻出一道道沟壑吗？流水的力量可以开凿出一条道路吗？就如同我们前面所说到的伟岸高山的花岗岩被侵蚀那样，微弱的溪流可以通过周而复始的流淌把厚厚的岩石层切断吗？答案是否定的。因为创造一个系统诸如水循环，工程非常艰难浩大，需要一种比河流推动力还要强大的力量。固然，一条河流塑造地形的力量是有的，尤其是在河床上因为流速快速降低时，不可能降低两岸的大堤和降低水流的渠深，所以很难找到一条溪流能够仅凭自己的流动循环就能把山谷踏平，并使之变为河道。那项工程所需要的力量就如大家熟知的地球造山运动一样，这种运动会在地球表面上形成无数沟壑，我们称其为河谷。如此强烈的运动，能把地壳弯曲折断，把山脉隔断变成河谷，就是我们今天所看到的无数的河流湍流不息的景象。每一条水流的轨迹都是确定了的，河水的流动都是沿着已经预定的河道顺流而下，已有的河谷使得流水冲刷的对象只能是它们过去流淌着的河床。

在那些有土壤构成的地质上流淌着的河流，很容易就在它行进的方向上冲刷出沟壑。对河谷来说，水流的冲刷作用是非常小的，冲刷的深度完全可以忽略不计。山谷的形成途径除了是地壳的崩裂，就是地表的扭曲。断裂造成的山谷两侧多是地势险峻陡峭，在有的时候，两侧的断裂处还会成为突兀的地方，如果给山谷的两侧加一个足够多大的外力让它们闭合，那么可以肯定其两侧能够准确地闭合到一块儿，而且在闭合的地方基本上严丝合缝找不到分裂的痕迹。弯曲的河谷，大多是在几个曲折连接的最底部。所以，河流的两侧一般都是比较平滑的倾斜状。

把一块软软的泥铺平，用手慢慢地撕裂开，那么这个断裂的地方就可以看作是一个由于断裂作用而形成的河谷；如果慢慢地将两边推到一起，每个连续弯曲的所夹的沟就如同是弯曲作用形成的山谷。假如再弄一些水在上面，这些水就会在泥土表面形成一些沟印，这个微小的试验模型，就可以向我们展现水流的冲刷作用。虽然地表上不尽是泥土，但使地壳弯曲折断的力量仍是地球内部那不可抗拒的巨大力量。

山谷的分类

纵谷就是能够把两座紧挨着的山脉分隔开的河谷，原因就是它能够沿着山脉的走势蜿蜒曲折，两岸的山峦因此而变成它的两个岸。山脉被由山顶上奔流而下的河水分隔，这种河谷我们叫横谷，与山脉互相交叉，我们可以用两水下落到屋顶的时候由屋脊流到房檐的时候的一条排水沟来进行对比。很多的横谷都会拥有规模相符的溪流在里面流淌，这些溪流夹带着山顶上融化的雪水汇集到主河谷中，这如同我们看到的房顶上的排水沟将来自四周的雨水汇集到一块儿的情形一样。这些细小的流水全都汇集到主河谷中，又一起奔流到山谷底部的纵向河谷，纵谷接纳从山顶上的横谷流下来的河水，就如同是房屋的排水沟可以容纳两侧屋顶上流下来的雨水并将其汇集那样。

毗邻的水流之间的山脉或者高地叫分水岭。每一条水流都有从属的流域，河流的两边的山壁的交叉线就是河流的谷底线（谷底最深的那条线）。谷底线也就是河谷中的河水流动留下的印记。你可以把它看成是一条倒过来的分水岭。谷底线就是滋润着大地的河流流动的标志线。

民族之门

一些山谷是矗立在山峦上的，不像有的河谷那样会慢慢聚集到平原上。在群峰的包裹之下，它们总会找到一个比较宽阔的出路，要摆脱掉狭长的河道，这样的河道叫做隘路。我们的先辈把这些狭窄的河道看作是“民族之门”，那是因为古时候，这些与外界隔断的一个个峡谷里往往是某个民族的聚集地。在历史上有名的几个民族之门有高加索之门、伊苏斯平原之门、温暖之门、里海之门、塞莫皮莱之门等等。例如在安第斯山脉，就是一条狭窄的隘路在海拔一千五百米处蜿蜒曲折。

一些河道的源头面积很大，形状好像是不规则的圆，看上去好像是地表下陷后只剩下垂直的两壁包围这陷下去的地方。这样宽广的山谷都一般会有一个很宽阔的出口。比如我们在举世闻名的比利牛斯山中就可以看到如此壮阔的河谷，它的名字就叫做奥尔德萨，意思就是罐、壶。法语就是“圆形的竞技场”。伽伐尼河谷也是其中比较著名的一个，在上文提到的瀑布时涉及到。著名学者罗曼德对河谷有著名的描述，他的一生的精力都倾注在研究比利牛斯山上。

当我们抵达奥尔德萨山谷中时，我们都非常惊奇，起初环绕着我们的两座山被分割成左右各自排开，我们觉得自己好像处在一个新月形状的地方，这轮新月的一个角有着两块射出来的巨大石块，在远处看，就像两个城堡。这轮新月的另一边由一条保存完好的狭长的山脉构成，像一座被切掉尖端的石塔，在光秃秃的山顶上直插苍穹。这个新月的交叉之处就是我们要到的 Ttremousse 山的峰顶，在它上面一座座冰川矗立着，就好像是锋利的剑一样，要是不小心从上面跌下去，一定会粉身碎骨。幸好这个地方的面积很广阔，不然，在这样被包围的空间里简直就是一个深渊。此山海拔估算有八九百米，而周长更是有十千米。在这里有新鲜的空气，广阔的蓝天和茂密的植物。无数的动物都生活在这片大草原上，食物对它们来说是足够丰富的。这片山谷可以容纳三百万的人口，假如变成竞技场的话那上千万人也能容纳。这片巨大的空间里的辽阔的草地，就坐落在比利牛斯山脉的顶部，背后是陡峭的山崖，让那些期望能一睹胜景的人们只要攀登陡峭悬崖这一条路可走。

有人猜测这两条横谷顺着山脉的走势顺流而下可能会在某一点交汇。这个交汇之处由在山顶形成的断裂或者凹陷形成，也是入口处。入口是两个斜坡的连接处，就是分水岭。两个入口的中间地带一般都会有一座分割开来的山脊，叫做顶峰。入口就是两条横谷向相反方向延伸的出发点，但在顶峰却是两条山脊的交叉处的延伸。

平 原

平原的形式有两种，一种叫高原（高地），另一种是低地（普通平原）。高原是因为地球的地表经过剧烈的上升运动最后形成的一大块平坦辽阔的地形，多数是山脉的根基。高地一向被看作是大陆的核心，它是远古的海洋因为地壳上升运动而形成的宽广的大陆，而低地则是在后期才形成的，下面是几个有名的高原以及它们的平均海拔：

高原名称	海拔（米）
奥佛捏高原	330
巴伐利亚高原	500
卡斯提尔高原	680
墨西哥高原	1800
基多高原	2850
秘鲁高原	4300
青藏高原	4500

我们首先看奥佛捏高原。在远古的时候，人类还处在蛮荒时期，可那时候也不是连科学都没法解释其奥秘的时期，在那时，整个欧洲只是几座小岛——只是由于火山喷发而形成的几个岛屿。虽然只是在海底的软泥之下，但地球上两个国家的首都——巴黎和伦敦却已经隐藏在那里了，如果有一天整个欧洲大陆的一小部分逐渐在海水的底层之下形成，那些岛屿——未来的法国的起始，就已经在海水之中成形了。那些原先形成的小部分大陆，它们远比阿尔卑斯山、比利牛斯山脉的诞生还要早，它们的名字就是布利塔尼、奥佛捏和阿登高原——我们今天常提到的。这三个孤独的岛屿现在已经消失在远古的海洋之中，它们在辽阔的沉积作用下已经合为一体，只会在逐渐退去的海水中显露出来。

奥佛捏高原是因为地表普遍的上升运动使之升出海平面的呈带状的大陆，也就是我们今天所生活在这片陆地的最早祖先。开始的时候，在奥佛捏岛上有着两个海湾，一个面朝北方，就是后来的肥沃的利马捏平原；而另一个要更辽阔些，面朝南方，就是今天的并不富饶的扎拉克地区。从这两个海岬连接上延伸出的远古的岛屿所形成的辽阔的海岸线，在北面的就是今天的勃艮第的一部分，而南面的区域就是黑山附近的低地域。岛屿的中心是由花岗岩构成的平原，有今天的奥佛捏、昂沃莱，利穆赞和弗雷。法国的大部分火山在今天已经变成了死火山，它在法国形成之前就已经存在的了。

因为这个高原的地势比较高，所以，雨水和溪流冲刷作用就很容易使得这些地方变成不毛之地。高原的肥沃之土由雨水带到了海拔较低的地方，使低海拔的平原获得滋养。所以，基本上高原现在都是很贫瘠的地方，如赛文西边的弗雷高原。那是一个由石灰岩构造的高原，整个 120 平方千米的地方只有屈指可数的一些植物，生长一些燕麦和土豆。在别的地方，我们甚至找不到一棵小树或者一条小河。不过在这个高原上饲养了成群的绵羊，这些绵羊生产的副产品是高原居民的生活来源。在高原上还有一大特点就是气温非常低。尽管弗雷高原在南方，可是寒冬的大雪还是迫使人们在很短一段间隔处就要设立一个路标，用来指示高速公路的方向，防止在风雪中迷路。

在热带，高原一般都是被海水和沙滩所包围的地势很高的岛屿，所以即使是处在热带气候中，这些高原的气温是比较温和的。像这样的高原在地球上还是比较多的，正是因为这有益身心的气候条件，使在这里的居民能有很高的生活待遇。同海拔低的地方的居民相比，他们不至于因为气温太高或者海水所释放的难以忍受的热浪而萎靡不振。基多、墨西哥和秘鲁都是有名的海洋高原地域。基多位于于赤道附近，在它的四周有皮钦查、钦博拉索山和安提撒那山。它的海拔有 2850 米，在地球上其他地方这样的海拔高度通常都是被白雪所覆盖，但是在基多却是一片勃勃生机的景色，四季温暖如春。在秘鲁高原 4165 米海拔的地方还有一座举世闻名的波托西银矿，这个高度差不多和白朗峰一样高。墨西哥城，是墨西哥的首都，它坐落在海拔 2275 米处，比法国境内所有的山都高。在欧洲探险家第一次登上基多、墨西哥和秘鲁高原时，发觉到这里已经是文明之地了。

地球上低海拔的平原的总面积要比高原总面积大得多，差不多占整个大陆面积的一半。大多数的低海拔平原是大河流穿过森林时冲刷下来的土壤所形成的，所以土地肥沃。这样的河流有隆河、卢瓦尔河、塞纳河等。低海拔平原还

卡纳克石阵位于法国布列塔尼半岛。在它郊外有一片片整齐排列的石阵，在8000平方米的范围内到处是林立的巨石，这就是著名的卡纳克石阵，被英国考古学家海丁翰教授称为“比金字塔更神秘”的石柱群。

有一种生成的形式，有些低海拔平原的土壤无法种植农作物，因为它们的成分是由砂砾或者光滑的鹅卵石组成的。在法国最有名的平原要属克劳平原了，它在隆河的河口处，这个地方还有一个很久远的神话传说。一次，赫拉克斯大力神在他出远门归来时遭遇了一群巨人的偷袭，就在赫拉克斯退到他所处的地域的边界时，他手拿短棍开始反击，创造出了今天的直布罗陀海峡，使得后来的航海家们有了一条由地中海直通大海的便捷通道。那些攻击赫拉克斯的巨人们把他逼到家乡希腊，虽然大力神拿着短棍英勇地劈开山脉造出海峡，但挡不住巨人们人数众多，就在赫拉克斯即将被打倒时，漫天的巨石从天而降，打退了巨人们的进攻。自那时起，卡纳克地域就是今天所看到的满是石块的荒原。对于这片荒原的起因，科学家的解释就简单可信了。很久以前，一条宽阔的河流途经这片地域，因为它是由阿尔卑斯山上奔流而下，慢慢形成了今天水流缓缓的杜兰思河，它之前那奔腾的水流把大量的鹅卵石冲到了山下。如今，远古猛烈的激流已经看不见了，只留下这些鹅卵石在这个平原上。虽然布满石块的平原从表面上看干旱少雨，但是还是有稀少却肥美的嫩草在石缝间冒出来，养育着成群的牛羊，这里的羊都知道要想享用这些美食就必须将石块翻起来。在酷夏来临青草不见的时候，羊群就会迁徙到阿尔卑斯山多芬草场去。

荒 漠

在比利牛斯山脉和纪隆德河之间有一片荒芜之地，面积辽阔，它的名字源自它的特征。亘古不变的石楠花和杂草是这片不见边际的沙质平原上的主要植物，勾画出了单调的景色。在法国的一些地区，例如中欧和南欧，还有一些未经开发的平原，这些地方也是遍布着石楠花的粉色花朵。吕内堡平原坐落于维斯特法伦州，面积大概有 2500 万平方千米。意外的是在那上面生活的大部分踩高跷的牧羊人都来自法国西南部的加斯科尼平原。

在红海和大西洋之间的那片荒原其面积相当于地中海的三倍，甚至人们还认为在北非的辽阔荒原在以前就是大海的海底——这里的沙子就是远古时跳跃的海浪。论及北非，不得不说到撒哈拉沙漠。那里有着各种各样的生物化石、成片的盐湖、白皙如鹅卵石的盐床，还有许多和盐一样的黏土——这所有的存在都说明了这里曾经就是海洋。撒哈拉沙漠的中心地带就是在太阳的炙烤下不断漂移的沙漠之海。在那里，视线所及之处都是荒凉一片。一列车队在沙漠之中穿行一整天也不会看到一个活着的生命，也看不到鸟类和昆虫的痕迹，更不要说见到一棵树或者一根草。在这里的动物和其他生物所依赖的东西就是黄沙和炽热的空气。这里是无边的沙漠，所等待的只有死亡。漫天的黄沙——一眼望不到边际的沙海，被风刮起的沙粒和随处可见的沙丘，是最常见的景色。

有时候，紫罗兰色的尘雾将太阳光遮蔽，发狂的风暴——干热风——炽热剧毒的风暴会突然刮起，大量的沙粒被卷起来，然后又分散开来，刹那间沙漠之上是黄沙漫天，流沙暴走。如果在沙漠旅行的车队遇到这样的沙暴，要立刻把车队摆成圆形阵列，让骆驼在外围，赶骆驼人挤在内部，用这样的方式砌成一圈生命的坚固阵地。可是这种方法也不是万全的，有时候赶骆驼人和骆驼都会因为这遍布黄沙的空气窒息而亡。

虽然沙漠中有着强烈的沙暴和翻滚着的沙浪，但是在无垠的沙漠之中，也有着人间仙境——水流滋润着的绿色植被点缀在沙漠之中的绿洲。有水的地方，就有生命的存在，就像是撒哈拉部落生存着的地方就是被一圈繁茂的椰枣树围绕成一个“绿色之舟”。那些植被繁茂的苍翠的小岛就被叫做沙漠绿洲，它们分布在无垠的沙海之中，所以，古时候的地理学者把撒哈拉看作是猎豹一样的皮肤，皮毛的黄色就是黄色的沙海，而黑色斑点就是沙漠中的绿洲。

也许你会产生疑问，在如此酷热的平原之上，哪里会有水呢？而且还能养育一片绿洲？其实，就如大多数热带地域一样，撒哈拉沙漠也存在着雨季，只是在一年中时间比较短。但在这为数不多的时间内，也会有大量的降水——可以说是一场名副其实的暴雨。地上的沟壑都会立刻变成洪流滚滚，可是这些降水不能变成源源流淌的河流，也无法进入大海，瓢泼大雨几乎立刻被干涸的沙漠所吞噬，就是因为这种方式，所以，在沙漠的地表下还存储了大量降水，阿拉伯人们把它们叫地下海。在沙漠里，向下一直挖，达到一定深度就可以挖到储存的地下水。如在阿尔及利亚，在许多出现水源衰退的地方人们可以用喷水井来取水。

草 原

很适合畜牧业的大平原在不同的国家和地区有不一样的名称：大平原、草原、稀树草原、美洲草原。它们之中面积辽阔的要算坐落于里海地区、西伯利亚、俄罗斯和南美洲的草原。据亚历山大·冯·洪堡的记载，南美洲的大草原——潘帕斯，面积辽阔，纵贯南北，南方生长着繁茂的棕榈树，北方是一片白雪皑皑。虽然这里土地肥沃，还有充足的降雨，绿色植被生长所必需的良好环境，但是在欧洲殖民者抵达之前，这里依然是一片荒芜之地，在这里找不到水井和泉水，更找不到一颗树。只是有了欧洲人的到来，这里才兴起了养牛这种行业，现在在这里生活的人口每天都在增加，大草原之上随处可见用芦苇和兽皮搭建成的房屋。

在潘帕斯大草原，有很多还处于原始状态的狗，它们生活在地下洞穴里。因为残忍嗜血的恶习还保留着，所以这些狗群经常进攻住在这里的人们，在这里生活的人们早已习惯也已经学会了如何防御这些野兽。在繁茂的草丛中，家畜和那些野马、骡子混在一块儿，对于能应对这些潜伏的危险和数不清的困难之后还能将家畜大量出口到欧洲，人们不得不感到吃惊。潘帕斯有雨季和旱季两个季节。在旱季，烈日炎炎，阳光的炙烤之下植被枯萎了，土地也变得龟裂，烈日炎炎的天空似乎要把这里的一切都覆盖，只剩下这炽热似火的骄阳，空气之中是可以使人窒息的热浪，就算是有风，带来的也是热浪袭人的尘土。正如在冬天要靠冬眠来抵御寒冬的动物，在这里的生物如蟒蛇和鳄鱼在夏季也会将它们自己包裹在泥土之下休眠，一直等到能够出来活动的雨季来临。

与此同时，那些在漫天沙土之中喘息着的牛马等动物，每天都会和饥饿、口渴为伴，在干燥的土地上来回奔走。牛和马都在努力嗅着周围是否还有水存在的气息。数不清的死去的动物尸体已经腐烂，只有堆堆白骨散落在各处，仿佛在诉说着干旱是多么可怕。1827-1830 年间大干旱降临到布宜诺斯艾利斯，有上百万家畜死亡。饥渴让动物们变得狂暴，大群的牛马奔腾至巴拉那河，为数众多的家畜尸体成堆地堆积在拉普拉塔河的沿岸。

骡子要比其他的动物机智，它们为解决口渴找到了办法。在大草原的外圈，大量生长着布满竖刺的仙人掌，它们的肉鲜美多汁，这些聪明的骡子用蹄子把刺弄掉，然后就用嘴吮吸内部的汁液。可是这种借助植物汁液解渴的方法也要付出代价，在广阔的大草原之上，时不时地见到那些被仙人掌刺扎进蹄子的瘸腿骡子在游荡。

就算酷暑终于伴随着一个清凉夜晚的到来而有所缓解的时候，这里的家畜也不敢放心来享受一场舒适的睡眠，它们担心在睡眠中会有恐怖蝙蝠的袭击。

这些嗜血的恶魔会紧紧咬住它们的脊背，在吸过血之后留下可怕的创口，这些咬伤就会发炎腐烂，引来更多的蚊蝇攻击。但这还不是最可怕的，最可怕就是经常发生的草原大火。在这大草原里，矮树丛和晒干的草时常会发生大火，火一旦趁着风势就会四处蔓延。在可怕的火墙到来之前，牲畜会因为恐惧而躁动不安，甚至还会夹杂着疯狂的嘶吼冲进火海。如果这些牲畜被大火团团包围，那么等待它们的只有死亡了。这些脆弱的生物所遭受的悲惨命运，会一直延续到阳光的余威散尽，一直到空中滴落第一滴雨水才会宣告结束。

伴随着雨季的来临，这一切都会变得美好。就在雨季来临之前，大草原就已经是绿草漫野了，这种环境就是老虎捕食猎物的最好机会了。美洲虎的全身呈黄褐色，皮毛上还有点点黑斑，它潜伏在草丛之中等待着猎物，当猎物靠近时，它会自草丛之中猛然跃起，擒住要逃走的小牛。有时候，在那些湿地或者沼泽的岸边，湿润的泥土会慢慢隆起，地面就好像是火山爆发一般突然喷射而出，那是水生毒蛇和鳄鱼从休眠的地下睡醒过来，突袭到猎物的面前。

潘帕斯草原

接着，降雨就会遍布

到整个大草原之上，平原完全就像内陆的绿色的海洋一般。上半年还由于这里的干旱缺水而差点死去的动物们，现在又开始忙着来适应即将来临的两栖生活。驴群都迁徙到了没有被大水淹没的高处。干燥的地方在水的侵蚀下，一点点缩小。动物们都挤在一片汪洋之中，在学习游泳的同时还要拼命找寻食物。在散发臭味的水中，只有幸运的少部分动物能发现潜藏在褐色水面之上的牧草。许多马驹溺死，还有的动物则有可能被鳄鱼捕杀，鳄鱼用它那如锯齿般的牙齿把猎物撕碎生吞。而那些能逃脱了鳄鱼的捕杀的马和牛群的身上也会永久留下鳄鱼的齿痕。

第十五章 白朗峰

高达4810米的白朗峰，皑皑白雪，山顶高耸直插云霄，像一位骄傲的伟人，傲视着整个欧洲大陆，但最后仍然被人类征服了。

人类与自然

夏日结束之后，天空显得那么高远，在万里无云的蓝天中，不时会有成群的燕子飞过，那轻盈的身影和镰刀似的双翅划过天空，仿佛要将蓝天撕开一道口子。燕子飞行的速度快得让人难以想象——竟可以达到每小时120千米。

和人类相比，燕子在速度上超出我们一大截，人类步行根本无法和燕子飞行相比。你可以想一下，当你用一天的时间爬上山顶后，累得气喘吁吁，两脚如同灌了铅似的，然而你又带着满足的心情看着脚下的群山，自然会有一种喜悦的心情。但当你看到燕子在你头上轻松地飞翔时，那种喜悦之情必定会荡然无存了。对于燕子而言，2000米的高山就是小菜一碟，那黑色的身影就如同一支离弦的箭，从山下的深谷中射出，在你还没看清楚的时候从你眼前飞过，还没抓住它的影子，就已经被它远远地甩在了后面。这些黑色的精灵就是我们所说的岩燕，它们的飞行速度很快，只要轻轻地扇动翅膀，就可以达到人类难以企及的高度，它们眨眼间就能完成从山谷冲上山巅的旅程，然后又能飞快地飞回那在岩石罅隙中的巢穴里。

和鸟儿相比，人类没有流线型的身体和强健的翅膀，但人类也有自己的优势，那就是无坚不摧的坚强意志、聪明的头脑和强大的动手能力。所以，和燕子相比，人类即使没有翅膀，我们也能飞得比燕子高，因为我们可以借助飞机、滑翔机和热气球等工具。而且为了更准确、便捷的观测天气的变化，人类还在任何鸟类都难以达到的高峰之上建立观测天气的天文台。还有许多执著的人因为各种追求而将脚步迈向世界最高峰，尽管一路上有太多的危险和困难，他们仍然毫不放弃地前进，即使这种攀登可能以牺牲生命为代价。高达 4810 米的白朗峰，皑皑白雪，山顶高耸直插云霄，像一位骄傲的伟人，傲视着整个欧洲大陆，但最后仍然被人类征服了。虽然困难重重，可是探索知识的脚步却从未停止。那一条条牺牲在路上的鲜活的生命都在告诉我们：不管山有多高，也无法阻止我们前进，无论有多少困难，也无法击败我们的雄心。位于法国和意大利边界处，俯视瑞士群山的白朗峰在人类不屈不挠的意志面前也屈服了。

攀登白朗峰

日内瓦著名的科学探险者本尼迪克特·索绪尔，不仅是一位狂热的登山者，更是那轰轰烈烈的登山运动的一位杰出领导者。在阳光的照耀下闪闪发光的白朗峰，一直是他想要征服的对象。未满 20 岁的索绪尔也曾想通过别人的努力来实现他那宏伟的志向，所以他用悬赏首位登上峰顶人的办法来召集人去攀登白朗峰。但事与愿违，白朗峰是非常不愿意被征服的。因为许多年来，包括索绪尔在内的很多人都难以登上这座巍峨的高山。在无数次的尝试失败后，许多人失去了信心，直到杰克·鲍曼的出现，26 年来白朗峰无法登上的神话才被打破。

这位勇敢的、强壮的勇士在年轻时就想要登上白朗峰。上帝给了他一个能登山的身体，他有一双强健有力的腿和一个如铁打般的胃。为了能登上目标中的高山，鲍曼曾一度训练自己在只饮雪水的情况下走了三天。这在常人看来，

白朗峰是阿尔卑斯山最高峰，海拔4807米。白朗峰位于瑞士之南，向法国意大利境内多延伸50千米。群峰中海拔4000米以上的共有10座。

绝对是难以实现的目标，可是鲍曼这个为了梦想而奋斗的男人却视作平常。终于有一天他带上行李，朝着梦想的目标出发了。晚上，他只能在一片空旷的高原上孤独地过夜，那里除了厚厚的积雪，什么也没有。年轻的寻梦者只能选一处较为干燥而又少风的地方休憩。他坐在自己的背包上，将脸部尽量地都包裹在手帕里，然后不断地跺脚或是用手拍打自己，用这样的方式来取暖。下了一夜的大雪几乎将他完全掩埋了。当曙光初现的时候，鲍曼又继续出发了。老天爷也在考验他，天气变得越来越恶劣，暴风雪挡住了前进的道路，面对这危险的旅程，鲍曼知道继续走下去，自己可能会永远地留在那儿，所以为了他的梦想，鲍曼决定停止上山，寻找新的下山途径。

当回到沙木尼后，鲍曼才知道有许多人也想要征服白朗峰，年轻气盛的他自然不甘心屈居人后，所以鲍曼立即重新收拾行囊，又去追赶那些前行的冒险家。鲍曼经过一路的追赶，终于在冰雪之地和他们遇见了。这些冒险家们来到了这片冰雪之地，发现他们所面临的困难要比想象的多，在雪地的前方是陡峭的峭壁。可想而知，冒险家们陷入了两难之地。要想登上顶峰，就必须经过连接两端峭壁的岩石壁。大多数人在困难面前，选择了退缩。只有鲍曼一直坚持他的梦想，他独自爬上峭壁，在岩石壁上匍匐向前。他的身影像一只即将坠落山崖的受伤的鸟儿，其他人都吓坏了，纷纷下山，只有鲍曼还在努力和岩石壁作着斗争。

攀登是艰难的，鲍曼花费了几个小时，只移动了 1000 米左右，当前进的路被一块巨石挡住时，鲍曼只能以同样的姿势爬回去。当他发现所有的人都已经下山时，他也陷入了迷茫，是选择继续前进还是灰溜溜地回去？但不回去又能怎么办？这片岩壁如何才能翻过？翻不过去又该怎么前进？翻过之后如果还有更大的艰难险阻又怎么办？这些问题都在困扰着他，让他的决心也出现了动摇。但在内心却还有另一个声音在提醒他，继续下去，只要不放弃，希望总是有的。就是那个神秘的声音让鲍曼重新坚定了信心，于是，他抖擞精神，重新拾起登山杖寻找新的登山道路。

当鲍曼爬了将近 4000 千米的时候天已经黑了。这个地方是一个著名的大高原，到处是冰雪的天地，即使是在夏季最炎热的时候，太阳下的温度也在零摄氏度以下。在这大约 2 万平方米的地方，无数的危险包围着他，虽然终年覆盖的积雪将一切危险都藏了起来，但危险还是在逼近，那呼啸着的暴风雪准备随时可以带走他的生命。白茫茫的积雪反射的阳光也几乎将他的眼睛刺伤，他庆幸自己是晚上到达这里，如果是白天后果会怎样？在无法前进的状态下，就只能选择休息了。

于是这个勇敢的年轻人就卷缩在冰雪之中，静静地等待着黎明的到来。换作是我们，处在这样一个环境下，在如此恶劣的天气里，缺少帮助、也没有任何庇护、还要面临随时缺氧的危险，有几个人能泰然处之呢？而正是在这样的情况下，鲍曼凭借他的一腔热血和对梦想的执著，在这里坚守，还不叫人感动和震撼吗？我们来看看主人公当时的心情吧。

鲍曼日记

来到这片土地我已经很累了，雪地的反光让我的眼睛感到难受。这时，太阳正在下山，所以我也没有前进，打算休息一下。我放下背包，放松自己，好让自己舒服一些，但当我再睁开眼睛时，我立刻被眼前的美景震撼了。我想这有可能是我这一辈子都没有见到过的最美的景象。头顶上的蓝天虽然清澈，但给人的感觉依然是阴沉的，暗如黑墨的天幕下，一座洁白的山，有着熠熠生辉的山顶，像是一座巨大的银白色的教堂的顶端，巍峨、挺拔和雄伟。在山脚下是法国大平原，那一望无际的平原正迎接着太阳的降落。因为在很高的山顶，感觉太阳和以往所看到的不一样，俯视正在降落的太阳，会有一种太阳要沉到地心的感觉，但它又在不甘心地挣扎着，仿佛要留下美丽的霞光向世人证明着什么，给人的感觉是一幅非常古怪的画。我下面 2000 ~ 3000 米处是聚集的云层，就好像是被风从平原上吹起来的，然后漂浮在半空的云海中。当太阳用尽全部的力量也无法改变落下的命运时，红色的光芒遍布了所有的山谷，所有的山峰都被染成了绚丽的瑰红色。黑暗慢慢袭来，山谷逐渐被黑暗包围，又向上侵蚀，最后连我也包在黑暗之中。但白朗峰的白色山顶仍在闪烁光芒，就好像在指引着迷路的孩子，当黑暗连它都包围时，黑夜也就来临了。

到了这时我也觉得有些气馁了。寂静的四周让我有些害怕，摇曳的影子让我觉得有一种不可言说的恐惧，我想大声地唱歌，但在这了无人烟的山上，除了风声和自己的声音，其他的什么都听不到。在恐惧的黑夜中，我害怕了。我停止了唱歌，可是害怕的感觉却没有停止。我不觉得饥饿，只是想到应该吃点东西了，但是背包里的面包已经冻得像一块石头，根本无法咽下。于是，我最终放弃了吃东西，只是看着脚下的沙木尼。当小镇上的灯光都渐渐熄灭了的时候，我想我那些亲爱的伙伴们都在做什么？是否躺在床上念叨着我，我相信他们会的，因为老朋友不会抛弃我。

在这寒冷的地方我不能保持不动，我不停地跺着脚防止我变成一根冰棍，我不停地拍打着自己的身体能够暖和些，可是我还是感到身上的能量在流逝，我感到自己的头越来越重，眼皮也越来越重，我知道这是睡神在向我招手，但我也知道只要睡着了，就会遭遇死神。死亡的阴影笼罩着我，而我无能为力，只有不断地告诫自己要乐观、决不能睡觉，因为睡眠会使身体无法抵御寒冷，只要睡着就不会再醒来了。

现在为止，天气依然晴朗，我通过天上那极小的闪着微弱的光的星星来辨认旁边山脉的形状以及距离的远近。夜深了，那些原本在半山腰的云层也上升起来，将我包围在其中，不久，一场暴风雪来临了，我只能依靠运动保护自己，耐心地等待黎明。持续增强的寒冷让我呼出的水汽冻结，被雪打湿的外衣也结了冰层。风虽然不强烈，但从手帕传到脸上仍然让我有一种刺痛的感觉，当我用手轻抚疼痛的地方时，我发现竟然有血流出，我不知道自己还能不能坚持下去。

看着那隐藏在冰雪之下的深渊，我有一种绝望的感觉。想到白天见到的那个巨大的裂缝，我开始为下面的每一步感到担惊受怕。因为不知道前景，所以更让人感到恐惧，你会随时想着这迈出的一步走得是否正确，脚下的冰层能不能支撑我的体重，一想到有可能会掉进深渊我感到害怕。当我还在想如何走明天的路时，突然，一声巨大的声响传来，紧接着就是整座山都在颤抖。我知道那是冰川在滑下山坡时发出的声音，我的心也开始绷紧了，当声音最后归于平静时，我的心才慢慢放下，知道自己不会被埋在滑雪之下了。

整个晚上我的身心都被寒冷和恐惧包围，当黎明的第一缕曙光将我的身心唤醒时，我才舒了一口气。我知道要不了多久，我的力量将全部回来，也就是说，只要在心里存了必胜的信念和胜利的决心，哪怕没有经历过专业的训练，哪怕过程再怎样艰难困苦，还是一定可以成功。在成功地度过一晚后，我决定继续攀登。我选择了一面覆盖这坚硬的岩石的峭壁开始我的征程，那光滑的冰面几乎让我不能直立行走。我用铁拐杖凿出洞，费力地前行，这样的行走方式很费体力，让我保持平衡都难，更别说移动了。但不管多么困难，我咬牙坚持行进，当我突破了所有的悬崖峭壁时，看着眼前的平坦大路，我高兴得大声疾呼，但又一个困难摆在面前，眼前的平坦的地面太过光滑，无法继续前进。最大的困难是我感到自己体力消耗也已经到达了极限，我只有回去好好休息才能确保自己下次一举成功。于是，我返回了村庄，当我回到村子时，已经是满身的疲惫，脸也肿成猪肝色，一双充血红肿的眼睛也快睁不开了。在一个谷仓我再也走不动了，我把自己的身体扔在干草堆上，一觉睡了48小时。

再次挑战

在1786年8月7日，鲍曼在帕卡德医生的陪同下再次向白朗峰发起挑战。他们在当天晚上就到达了波松冰河的源头，在羊毛毯子的保护下，他们度过了攀登前最后一个舒服的夜晚。在天刚亮的时候，两个人开始穿行在满是裂缝的冰川区。对于医生来说，这是第一次走这样的路，那种要掉下去的感觉让他感到害怕，好在医生是受过训练的，他很快地就调整好自己的状态，在鲍曼的带领下通过了冰川区。当他们到达大高原地区的时候已经是中午了，看着鲍曼的登山路线，医生感到万分艰难，那原本高涨的登山热情此时已经荡然无存。

在鲍曼的全力鼓励下，两人继续向上攀登，两个多小时后，他们爬过那片鲍曼用铁拐杖开出道路的峭壁。但猛然袭来的暴风雪把医生紧紧系在脖子上的帽子吹飞，两位冒险家马上在强风来临时趴在地上，以防止那可怕的狂风把自己吹走，当风过后他们站起来时，发现狂风带来的冷空气会让长时间停留的他们变成冰棍。医生觉得自己真的吃不消了，如果不是鲍曼的鼓励，医生或许已经回到沙木尼小镇了。还好，风最终是停止了，在鲍曼的日记中他写道：

我们在大风过后继续前进，刚开始的道路还好，但是随着高度的上升，我们觉得呼吸越来越困难，医生的面色开始发青，每走两步就要停下来休息一会儿，我也感到很不舒服。我们走几步就要停下来，为了能保持呼吸顺畅，有时就彻底地坐在雪堆上，好能喘上一口气。到最后的时候我们实在是不能继续前进了，就算现在发生雪崩我想我们也会保持不动的，而我那完全有登山经验的同伴状况更糟糕，所以我不得不用我的力量去帮他，寒冷、疲惫、难以呼吸都让医生觉得自己马上会死去。我们抵肩前行，有时费了很大的力气，只挪动几小步，在两个小时的艰难行进中，我们都认为我们的人生已经走到了尽头。当我们同时抬起头来时，惊喜地发现我们几乎已到达山顶，在我们视野中的只有蓝天。只要能迈出一两步我们就到达了我们这次旅行的最后的目的地。我开始狂喜，简直不敢相信这是真的，假如在前方还有一座山，我已经没有往上爬的力气了。当我最终确定我们真的到达山顶时，我知道我的梦想实现了，我们抱着，几乎是喜极而泣。

两位英雄在山顶呆了有半个多小时，然后重新找道路下山，当他们来到没有冰雪覆盖的地面时，力气已经耗尽了，于是他们找了一处岩石洞休息，但是厄运并没有结束，因为眼睛受到白雪反射的强烈阳光的刺激，他们的眼睛都有不同程度的伤害。当他们回到沙木尼后赞美和同情包围了他们。好在经过一段时间的休息后，两个人的状态都已经恢复，眼睛也完全好了。而且鲍曼还在第二年再次爬上白朗峰。

第十六章

索绪尔攀登白朗峰

在无路可走时，我们只能从大坑的底部开凿出新的道路，那种两壁垂直光滑如洗的大坑真是让人觉得麻烦，因为在坑底的我们完全不知道该如何爬上去。更让人担心的是那隐藏在自己脚下的山崖，这些山崖只被薄薄的冰雪覆盖住，简直就是一颗随时会爆炸的炸弹。

征程

1787 年 8 月 1 日，鲍曼带领包括索绪尔在内的 18 人再一次攀登白朗峰。这一次，他们的装备中有一些索绪尔所需要的物理探测仪和一些其他的必要仪器。在索绪尔的记载里，我们可以清楚地知道这次登山的全部经历。

在第一个晚上，我们来到了鲍曼和帕卡德医生第一次登山时曾经住过的地方。这是一片花岗岩石群，无疑，是由滑动冰川带来的，到目前为止，这一路以来是很轻松的，沿途的只是草地以及一些小块的岩石，我们都知道这轻松是暂时的，真正的挑战在明天以后，所以我们决定先在花岗岩石群里安营扎寨。第二天，太阳的升起比往日要早，我们来到了寇特冰山区，这是危险地带，潜在的危险随时都会夺去我们的生命，因为在许多隐蔽的地方有许许多多的深渊，如果不够谨慎小心就可能跌落其中。我们必须从尖锐的冰脊和硬化的拱形的冰桥上通过，才能躲开那藏在冰层下的深渊。这样做，不是一件容易的事，因为那座拱桥从一边搭到另一边的通道很窄，这让走在上面的人都感到胆战心惊，担心这单薄的桥会承受不住自己的重量，使自己从上面摔落。不仅如此，在无路可走时，我们只能从大坑的底部开凿出新的道路，那种两壁垂直光滑如洗的大坑真是让人觉得麻烦，因为在坑底的我们完全不知道该如何爬上去。更让人担心的是那隐藏在自己脚下的山崖，这些山崖只被薄薄的冰雪覆盖住，简直就是一颗随时会爆炸的炸弹。

当我们脚踩坚实的大地时，心情才轻松起来，有的人开始轻松地聊天，大声地的嬉笑，可是一旦到了充满危险的地方，每个人都紧张起来，开始沉默着。为确保安全，我们让最前面的三个人用绳子绑在腰上，其余的两人一组牵着登山杖前进，每组间隔不能超过 3 米。就这样我们小心地行走，所有人的步调都保持一致，踩着前面人的脚印走，但即便如此，还是有人差点丢了命。那是打前站的三个人中的一个，他不小心掉进了陷坑。好在另外两个人及时地拉住了他，才算捡回了一条命。看着这危险的一切，我几乎吓呆了，连心跳都几乎停止了。想着自己可能也会遇到这种危险，就不禁害怕得发抖。

这短短的 1.5 千米的冰山区整整花掉了我们三个小时。在冰山区后是一座被深雪覆盖的峡谷，两旁都是深不可测的深渊。从谷底吹来的寒风让我们直打哆嗦。陡峭的岩壁、厚厚的积雪显示着雪崩的力量是多么强大。同来的人都想找一个比较隐蔽的地方过夜，但是我觉得能在更高的地方过夜更安全。但鲍曼去年的经历让这些人吓破了胆，在我的极力劝服下，他们才勉强同意继续爬。在下午 4 点左右，我们到达大高原地区。这算是比较安全了。我们花了很多时间去找搭帐篷的地方。因为一块安全的地方既要防止雪崩的突然袭来，更要弄清脚下的冰层是否够结实，能不能支撑我们安全度过一夜。好在我们运气不错，最后找到了这样的一个地方。我们立刻挖坑，赶着在天黑之前搭好帐篷，然后我们就可以安稳地度过一夜。可是，高原地区氧气稀薄，干不了多久，我们就筋疲力尽了。于是，我们只好轮流工作。想着如果没有帐篷，我们不但要在冰雪天里受冻，那种痛苦将是难以忍受的。好在经过我们的共同努力，终于抢在天黑前搭好了帐篷。

帐篷空间不够大。我们这些人只能相互拥挤着，在刚要入睡的时候，雪崩的轰鸣又让我们惊醒了。就在这样的反复中，我们度过了一个难熬的夜晚。好容易到了天亮，我们做了自认的最充足的准备，然后开始继续上路。我们在一个斜坡坡底稍事休息后，原本希望可以在启程时精力充沛一些，却证明了这是多么奢侈的愿望呀。越往上走，我们的呼吸越困难，脚步也越发抬不起来，想快速地穿越这片由雪崩形成的斜坡，真是太难了，唯一令我们兴奋的是事先准备的黑色绉纱保护了我们的眼睛，让我们没有受到白雪反射的强烈阳光的伤害，但空气的稀薄程度，使我们难以呼吸，让我们几次感到自己就要去见上帝了，我终于深刻地意识到大自然是难以靠人力来征服的。我们的脚步开始不听使唤，越往上，道路越陡峭，而且左边还是让人胆战心惊的悬崖，如果我们的身体完全被缺氧的疲劳占据了，那我们就危险了。

我们用短柄斧开路，每走一步都很难，因为每一步间距太大可能就会走错掉下悬崖，越往上冰层越薄，我几乎都听到了冰层断裂的声音，但此时我已经没法去想是怎么回事了，只想着快点爬上去。在我的前后都各有一个人，他们用手里的长棍，在悬崖间搭建了一个安全的扶手，我们排成纵队向上走。在上午9点，我们距山顶只有300米远了，而且看上去都是厚厚的冰层，不会有什么危险。我开始欣喜，认为只要再过45分钟我就可以站在白朗峰的顶端了。但事实证明我太过天真了，稀薄的空气让我们前进越发艰难，每向前一步，都觉得呼吸困难。只过了10分钟左右，我就感到我的胸腔似乎要炸裂，不管我如何用力呼吸，仍然无法驱散那种难受的感觉，我的力气也在行走中渐渐流逝，最后，只有停下来休息。我深深地呼气吸气，好容易让力量重新回到我的体内，我想这次我可以一口气到达山顶，在山顶眺望美丽的风景。但是残酷的现实又一次击倒了我，走不到10步的距离，我又落进失望的深渊，我知道所有的人都是像我一样的，也就无法可想了。时间在流逝，我开始着急起来，想着我要在山顶进行的试验，我必须尽快上去。在尝试了几次短时间的休息后继续攀爬失败后，我开始改变方案。寒风让我的思绪清醒了些，我朝向风吹来的方向呼吸了几口，没想到得到了意外的效果，我可以连续走25步了。终于，经过两个小时的“长途跋涉”后，我们终于到达山顶。

一到山顶我就朝沙木尼方向望去，因为我最亲最爱的家人都那里看我，我知道他们那饱含关切的目光一直都在跟随着我。我事先已与他们约定好，如果看到峰顶升起一面旗帜就代表我已经安全地到达，这样，他们就不必太担心了。看着那迎风飘舞的旗帜，我仿佛有无数的话想说但又不知道说什么好，那心里的感觉已经无法用语言来形容了。我一边欣赏着绝无仅有的美丽风景，一边着手开始为我这次来最最主要的实验目的做准备。

登顶的那一刻，眼前的白朗峰让我有些失望。那一路上的艰辛带来的疲惫还没有消失，喜悦被巨大的付出取代。当一切心情都平静下来后，我才开始欣赏白朗峰的美景。太阳闪着耀眼光芒，挂在一丝不染的深蓝色的帷幕上，而远处阿尔卑斯山的余脉，还有那受到冰河侵蚀的山脉变成如剑似戈、如矛似犬齿的针锋，以及那直指蓝天的山峰就好像一群英勇的勇士把白朗峰那至高无上的将军围在中间。在阳光的照射下，那许多的冰川都闪耀着蓝色的光芒，是那样的美丽而又神秘，高雅而又诡异。在南面，伦巴底平原延绵数千平方千米，北面的日内瓦和纽奇特就像美人的双眼湛蓝明亮，再往远处看，是侏罗纪山脉区。葱茏的瑞士山、绿色地毯的瑞士牧场、阿尔卑斯山的太子峰和接天连地的法国大平原，都一览无余。所有的一切都在向我证明这一路上的辛苦是值得的。

眼前令我目不暇接的美景并没有让我陶醉其中而不能自拔，我的主要任务是做实验。事情进展得没有计划的那样顺利，从将装备组装好开始观测到现在，每隔几分钟就要停下来，做几次深深的呼吸，而当我开始工作时，又总是感到十分难受，我必须停下休息，哪怕只是弯了一下腰，也是好的。其他人的状况和我差不多，甚至连饭都不想吃，那美味的白兰地都无法吸引他们，倒是那冰冷的水可以让他们舒服些。那些坚持不住的人就回到空气不稀薄的山下休息。白朗峰的峰顶的气压只有平原地区的1/2，所以空气稀薄。要满足人的生存需要，就要在肺部保持足够的空气，所以我们在峰顶感觉非常不舒服。为了维持正常的空气吸入，在山顶上就必须要以在平原地区呼吸频率的2倍呼吸才可以，但是这样做就势必感觉到疲惫和不舒服。

了无人烟的白朗峰

高频率的呼吸让我们感觉到我们在出汗，虽然我们没有被上山途中的困难打倒，却倒是败在了稀薄的空气上，在休息了三个小时后，我们还是没有完全适应山顶的空气，我们每分钟的心跳大概是98、100、112，是我们在平原时的两倍，这就是我们为什么会感到发热的原因，我们只想喝水，不想吃任何东西。我们觉得口腔里似乎有火在燃烧，我测了一下这里的湿度，只有山下的1/6，即使吃雪，也不顶用，却让我们感到更加饥渴。有人用一个预备的小木炭炉想要融化冰雪，但山顶上的空气稀薄，木炭难以燃烧，而且燃烧木炭又要从我们的口中抢走本来就不多的氧气，这真是让人左右为难呀。

我们知道声音的传播需要介质，在如此稀薄的空气条件下，声音的传播就变得异常微弱了。哪怕相隔不远，也很难听清对方在说什么，就连震耳欲聋的枪声在此都很微弱了。唯一值得庆幸的是天气一直没有什么变化，在阳光下，温度达到了零下2摄氏度。在南部的山坡上温度，对于休息很适合，于是我们都在此靠在背包上晒太阳。

高山上的空气虽然稀薄，但非常纯净，即使在白天，也可以看到那点缀在深蓝色天空下的点点星光。当然，要看到这样美丽的奇景也不是无条件的，你必须处在能笼罩你整个头顶的阴影中才可以看到这样的景色，否则，就只能看到微弱的光线。我终于明白为什么这么多年都没有人爬上白朗峰了，因为白朗峰太过纯净的空气和美丽的深蓝色的天空，让那些爬到半山腰的人被那天空欺骗了，他们想当然地认为在前方一定存在着什么让人无法越过的危险，所以即使已经千辛万苦地爬到了半山腰，还是选择了放弃，然后回去说不要去白朗峰因为那里有不可预知的危险存在。

山顶上没有人烟，甚至连动物都没有，只有被强风从山谷吹上来的两只蜘蛛。我看着它们在冰川间打转，四处寻找着回家的方向。那两只到达了人间仙境的蜘蛛，感觉不知道是幸福还是痛苦。大多数人费了无数的力量都可能爬不到峰顶，它们却仅仅凭借一阵风就轻易地来到了。但它们最终的结果是怎样呢？是精疲力竭然后痛苦地死去还是奇迹般地找到一个可以继续生存的地方？在山顶我们呆了三个小时后开始下山，回到沙木尼已经是第二天了。而那两只蜘蛛留在了峰顶，永远地留在了那儿。

第十七章

佩尔杜山

或许，你已经看过了白朗峰，但是你还是不能错过佩尔杜山，就好像是即使你看过了欧洲那最大的花岗岩山峰，也要去看看最大的石灰石山峰。

比利牛斯山脉探险者雷蒙德是个学识渊博的人。1797 年 8 月 11 日，他带着向导从巴雷格斯出发，并在第二天到达了佩尔杜山的冰山区。在这片区域，有着世界最高位置的牧羊场，有着用巨大岩石围成的围场。雷蒙德这样写道：

探险前奏

我们在世界上最高的牧场遇到了两个西班牙牧羊人，他们依靠着这片比利牛斯天然牧场，放牧着羊群，每天过着迁徙流浪的生活。他们的住处是一个仅仅能容纳下他们两人的小石屋。这个小石屋虽然小，但是对于他们而言，却是已经足够大了。他们只在夏天才会在这些没有开化的崎岖的地区里待上一小段时间，如果他们能很幸运地在岩石中找到庇护所，就不会浪费力气去造这个小石屋了。

对于佩尔杜山区，这两个牧羊人知道的比较多，可是对于那些常年覆盖着冰雪的地区，他们就没有任何了解了。后来，一个有职业所需的权威人士加入了我们的队伍，他是一名走私者。后来的事实证明，他比那两个牧羊人能够更好地给我们提供信息。

正当我的那些向导和那3个西班牙人在讨论我们应该从哪条路走上山的时候，我已经确定了自己的计划。对我而言，他们最后通过的那个方案，无疑就是兜圈子，太曲折了。

真正的探险开始了

我研究了我们前方冰山区后发现它们仍然覆盖着一些积雪，这对我来说是一件很好的事情，这是因为有积雪意味着可以通过。对于我来讲，哪怕这个斜坡很陡峭，但还是可以攀登过去的。除此之外，冰山区还通向一个我们要去的佩尔杜山的隘口。当我向大家宣布了我的整个冒险计划时让牧羊人吃了一惊，他们一致认为，我的这个计划太冒险了。只有那个走私者在开始时对我的计划表示赞成，所有的人都没有表态，只是在那微笑着。我没有放弃，我坚持要通过那个冰山区，到最后我的意见取得了胜利，他们都表示赞同我的路线。而那个走私者，早就不耐烦听我们的争论，已经出发了，没多久就消失在了我们所能看到的范围。

很快，我们到达岩石砂砾区，这是冰川从上面带下来的。我们期望通过这段危险的冰雪旅程能够把佩尔杜山的景色尽收眼底。开始时，我发现积雪层是比较厚重、比较结实的，斜坡的坡度也适中、比较缓和，所以，这段攀爬很是简单，对于我们而言简直就像玩小孩子的游戏。我们非常自信地迈开步伐，开始我们的旅程。但是，我们没有得意太久，坡度明显地变陡峭了。再抬眼望去，斜坡的坡度越来越陡峭。我们只有

佩尔杜山是欧洲西南部最大的山脉，位于法国和西班牙两国交界处，是阿尔卑斯山脉向西南的延伸部分。

放慢步伐，还时不时地停下来讨论接下来的行程。慢慢地，冰雪也变硬了，地面开始变滑，这时候，行走在前面的人已经很难留下脚印了，虽然我们都穿的是钉子鞋，但即使这样，我们还是要在冰雪上一边开路，一边前进。我们排成一个纵队，方便后面的人跟着前进。就这样，我们小心翼翼地避开那些裸露的光滑的冰川，形成一个“Z”字形蜿蜒着慢慢前行。一小时之后，我们终于成功地安全走过了一个十分危险的斜坡。正当这时，我们听到了前边有人在大声地向我们求救，仔细一看，正是那个走私者，此时的他正以一个非常危险的姿势爬在一尊岩石上。

走私者困境脱险

这个大胆却又可怜的冒险者，没有带任何安全装置就开始攀登了。装备上的严重不足和思想上的大意让他从陡坡上滑了下来，此时的我们恨不得能长上一对翅膀，飞到他的身边去帮助他，但现在却不得不无奈地一步一步地挪过去，好在我们还是到达了他所在的地方，救下了他，并且把他收入了我们的团队。他没有了外套和帽子，连装有价值 15 到 18 法郎货物的背包也丢失了，更为糟糕的是，他的登山杖也丢掉了。事已至此，也没有办法挽回了，他只能依靠着自己的双腿继续往上爬。除了他的登山杖，其余的东西都洒落到了山坡上。很快，我们找到了他的外套和一小包货物，但他的帽子斜插在了一个相当危险的位置，虽然它距离我们不到 20 步的距离，但我们花了 15 分钟才弄到手。这个人几乎已经失去了信心，不管我们如何劝解，却依然没有能够缓解他那紧绷的神经。而事实上，我们对他劝解反而不及他的不安情绪带给我们的害怕。他的不安已经传染了我的队员们，我从他们的脸上已经看出不安和踌躇。我们现在面临的问题就是路线是否要更改以及如何尝试着爬过这尊岩石。我自然不希望看到路线改变，但是现在在人群当中弥漫着一股很强的不安和紧张情绪，我们曾尝试着从岩石的侧面翻过去，但最终还是没有成功，只能无奈地返回到冰面。

胜利似乎就在眼前了，但必须翻过这座冰川，我们于是开始攀爬最陡峭的一段冰川，但此时，我们都已经累得气喘吁吁。厚厚的白雪掩盖着滑冰，把整个山顶都覆盖了，与深蓝的天空傲然对立，我们朝着顶端前进，道路越往上反而越容易了，而我们的唯一问题就是要想办法提防我们看不见的隐藏在佩尔杜山山顶中的障碍。为了我们的目标，我们互相鼓励着，积蓄着力量。每向上走一步，周围崖壁就会变矮一些，而被冰川突起的部分隐藏的隘口，也就慢慢地暴露在我们的视野中。我们继续朝着山顶前进，快到达山顶时，我们已经累得奄奄一息，当看到眼前的景色焕然一新，我们都不禁欢呼起来。

我的同伴说道："我们应该待在这里，大概明天就能到山顶了。"

"可是，如果晚上要是有冷空气来袭，我们该怎么办呢？"我问。

"只需要待一个晚上罢了，我们明天一大早就出发，就能完成我们的壮举。"

"但是我们会饿，我们需要食物。"

"我们是可以熬过这个夜晚的。"

我们大家热烈地讨论着下一步，对于需要考虑的安全问题，全都抛到了脑后。在此时，我们认为曾经惊险的冰川也没有那么难以征服了，那阴阴沉沉的云层也不那么讨厌了，可就在这个时候，突然从云层的深处传来了一声令人害怕的爆炸声，整个山谷都震得回声阵阵。我们的热情被瞬间浇灭，就连最大胆的那个人也已经吓得脸色发白了，我们都认为这里即将有一场暴风雪，而我们无路可走，将埋葬在这冰雪之地。所幸的是，这仅仅是发生了一场雪崩，我们看见一条白色雪龙直泻而下，腾云驾雾地向山下冲去，这景象使我们掐灭了登山的念头，唯一的念头就是赶快逃走。

一个月后，我又一次踏上征服佩尔杜山的征途。我计划晚上住在西班牙牧羊人的小屋里，这样我就能有体力好好利用第二天整个白天。小屋的主人已经放弃了这片牧羊场，所以现在它是空着的。虽然只过去了 27 天，但整个草场却从生机勃勃、绿意盎然变得荒芜一片、枯萎凋零。这就是高山草场夏去秋来的景象。

第二天早上天刚亮我们就出发了。与上次不一样的是现在冰川上的积雪已经不见了，只有那厚厚的冰层还在闪着充满寒意的光，走在冰上，我们留不下任何足迹。哪怕我们穿着钉子鞋，但仍然无法站在冰面上；即使是用尽全身的力气，铁登山杖那尖锐的底端也打不破冰面。所幸，这次我们有所准备，带了很好的凿冰器，虽然很费时间，但还是依靠着它一点点地向前。这项工作非常艰巨，如果我们不是依靠坚强的意志力，或许早就已经做了逃兵。我们看见冰川上有两条巨大的裂缝直切向地面以下，如同两道深深的排水沟。冰川的表面上有一些坑坑洞洞，我们小心翼翼地避过它们，还要时刻注意着保持前进的方向，以防自己掉入那裂隙中。我们依靠走“之”字来缓解爬那垂直的冰雪阶梯的难度，山坡越来越高，地势也就越来越陡峭。

当我们接近一座大丘峰时，就是那个大坑上方的冰川区。我们因为不知道怎样走过去而在那里徘徊。到最后我们也想不出任何的办法。一个伙伴建议从边缘绕过去，这一直是我们要回避的办法，因为它的绝壁边缘是一条锋利的山脊形状，像是刀锋，锐利无比，它和岩石群被一个漏斗形状的大坑完全隔离开来。这就是我们一直要回避的行走路线。但现在，因为已经无法可想了，所以它却成了唯一可行的办法。也只有这样，我们大概才有可能从危险的境地中走出来。于是，我们踏着将近垂直的12级台阶爬向山脊顶端，而且还要将那锋利的山脊顶端敲掉，只有这样，我们才能找到立足之地，所以我们不断地以强力重击冰层，以确定它是否能够承受的住我们的重量。

半个小时之后，我们终于成功来到了第十三级台阶，这是山脊的顶端，我们在一条窄窄的滑溜溜的小路上站稳，小路的左右和后面都是悬崖。这使我们的处境十分危险，由于进程的缓慢，大家的积极性受到很大的打击。当我们来到了山脊顶时，我们又一次停了下来，商量下一步该如何走。在这个短暂休息的过程中，我看到一只小鸟在岩石边飞来飞去，然后停在那里，慢慢清理着它的翅膀，这让我十分嫉妒。上帝是多么不公平，人类能够丈量天空，却只能被束缚在大地；人类能够称量空气，却不能在天空盘旋；人类能够放飞手中的氢气球却也只能眼睁睁地看着它破裂，可后掉落。可那只鸟却在我的头顶飞过，而我只能够在地上缓缓前进。

此时，我的心里很不愉快，但不久，我的想法被一个更加让人不愉快的事情打断了。有一个向导宣布说，因为自己头晕得厉害，很有可能随时跌倒，而他的位置却在我们队伍的正前方。于是，我们只能让他到我们队的中央。在一个这么窄的通道上要调换队伍的位置，这个任务有多危险多么艰难。弄不好，我们就会有人掉下悬崖的危险，但我们又不得不这么做。过了一会，一块冰川上的岩石挡住了前进的道路，我们也只能一步步地往前爬。我们两人一组，后面的人扛着前面一个人爬过去，等他安全地站稳之后，再把后面的人拉过去，这样的方法使第二个人比第一个的处境更加危险。由于有人用力过猛，踩松了碎石。很不幸，我的脑袋被呼啸而来的碎石片狠狠地砸了一下。总算是功夫不负有心人，我们在攀爬了5个小时之后，付出了无数的辛劳和风险，终于征服了它，翻过了这道“围墙”。

征服者

站在那一片乱石堆上，我们抬眼向四处望张望，顿时被眼前的壮阔景色给惊得目瞪口呆，傲然伫立在天空之下的佩尔杜峰，壮阔无比的天空，还有那烟雾缭绕的白色云朵，都和庄严宏伟的山峰一起，组成了一种难以形容的辉煌而又灿烂的光景。记得在前一次的探险中，空中弥漫着薄雾，使得山顶被遮盖，让我们无法看清它的景色，而这一次，我们站在最高处，没有受到任何的遮掩，明媚的阳光让我们把一切都一览无余。解冻以后的湖水波光粼粼，倒映着蔚蓝的天空，冰川散发着淡蓝色的光，一切都仿佛是五彩石在阳光下闪闪发光。

在阳光照射下，山峰美丽得就好像不是在地球上。这似乎是被其他星空美化过的另一个世界，被其他星空掌控着的世界，这仿佛就是崭新的世界。谁能知道这里会沉睡着怎样美好的生命，美丽而又沉默，山谷下面那几年的时光到了他们这里仿佛就会变成几个世纪。唯有“寂静”才能形容这里的一切，或许任何的声音都会把这里变成一场惊人的巨大的灾难，哪怕是最微小的。空气是如此的静默，一切的一切都显得那么和谐，空气也好，天空也罢，不管是大地、河源，也都是那么安静祥和，在阳光的沉默中，这里被包装成为一片美丽的景色，静默不动。

或许，你已经看过了白朗峰，但是你还是不能错过佩尔杜山，就好像是即使你看过了欧洲那最大的花岗岩山峰，也要去看看最大的石灰石山峰。这里虽然简单却又庄严的轮廓，险峻陡峭但又有着鲜明轮廓，它那侧面的影像和长而宽的岩石相互连接，形成了一道楼梯，它直接向上，形成了一座仿佛是由一位巨人托举向上而形成的高塔，而这些景色都是在花岗岩山峰上所欣赏不到的。在花岗岩山峰上，只能欣赏到那像钢刀一样的侧面，就另一方面而言，所有的轮廓都是那么的协调，所有的高低壁是那么的分明，正是因为这些，主峰才显得十分俊秀卓越，但是这卓越，并不是因为有多么高，而是因为它所处的群体和外形，以及它周围所有的事物成为一个整体。其实，佩尔杜峰仅仅比湖面高出了五六百米，但是它由很多的岩石群堆积。爬上佩尔杜峰的感觉就好像是从湖水旁边爬上一座被堆积起来的冰山，沿着梯田一路而下，处处都是岩石，上面的斜坡全都被遮盖住了，下面的斜坡又被打破了，只有它的主峰保留完整无缺。

看着前面高峰的陡峭，我们深深地感到忐忑不安，所以不敢再贸然前进。刚刚爬过的3000米高度是我们这段旅途中最艰难的一段了，可我们不知道的是这个冰川区是不是还存在更大的危险。我观摩着这尊无比壮阔的顶峰，但最后观察的结果却明白地告诉我，我不可能找到一条合适的路线继续往上爬。

我停止了思考，开始观测湖泊所在的平地。我们走到了它的湖面所在的圆形的空谷之中，并没有担心它里面会隐藏了多少的危险。但随后我们马上发现，融化后的冰雪已经增加了原来的湖面的面积。这个刚才还在我们眼中拥有着如画般美景的地方，现在已经变成了一个极为恼人的地方，它挡住了我们向上攀登的脚步。从湖泊四个不同的方向来看，这里到处都是用冰块和岩石筑起来的“城墙”。我们无奈地互相望着，讨论，或者仅仅发泄一下心中的苦恼，因为我们没有任何办法。我们只得又一次去冒险了，从最陡峭的一条冰面穿过湖面，这样的行程也真的是够惊险的。一个人一不小心，就失足掉了下去，而这个人，正是我们刚才所说的在冰山区那头晕的人。所幸的是，在湖面以下 0.6 米的时候他停止了下沉。虽然不知道是什么原因，但也幸亏他的这点运气，否则他就真的没命了，因为大家随身所带的绳子也就刚刚能够把他拉上来。

虽然这个高原地带并没有完全被湖面所覆盖，但是那无穷无尽的冰川就占据了全部。这种景象是无法用语言去描述的，只能亲眼去看。到处都是白茫茫的一片，即使在观察距离时眼睛也会受到不同程度的欺骗。一块块巨大的冰块堆积到一起，形成了一大片的梯田，甚至有些梯田还可以波动，看上去似乎是凝固的波浪，它的底端非常厚，垂直向下插入那湖泊当中。正当我们为眼前景色感到震惊的时候，一声巨大的惊雷响起来，那冰层在我们的眼前轰的一声炸开了。

虽然现在刚到 3 点，但是寒冷的天气让我们呆不下去了。令人恐惧的孤寂也在催我们赶快离开这里。平常，我们总是喜欢谈论起没有被征服的充满野性的地带，想象中那黑暗的森林，也会有些原始人类在那里狩猎；在一望无垠的沙漠，有一队缓缓走过的骆驼商队；冰冷的海岸，也少不了海豹在那里独自玩耍。但在这里，我们却是唯一一队旁观者，充满着孤独和忧郁的旁观者。在这边，只有一些岩石群才隐约可见，在那边是我们才征服没多久的冰川阵，湖泊静静地躺在下边，充满忧郁之感的深蓝色闪烁着，被一层又一层的沙石、冰雪和岩石包围着。

这里没有一朵鲜花，也没有一株小草。在长达 8 个小时的过程中，我们一

佩尔杜山陡峭的山壁

直攀登 ，好容易看到的植物就是那银莲花的残迹，已经萎蔫了的。这里的生命活动完全不存在。在湖泊当中我们也没有看到任何鱼的身影，雪地上旅鼠留下来的爪印，甚至连蔚蓝色的天空也没有小鸟来调节。寂静在四处蔓延。在这一片寂静之中，除去我们自己，以及那由于机缘巧合而被风吹来的两只蝴蝶，我们没有看到任何有生命迹象的物体。那两只蝴蝶在这里完全是多余的，有一只蝴蝶飘入湖中，又沉入湖底，另一只也将在孤独中慢慢死去。我们沉默地转身，离开了这个死一般静寂的土地，沮丧紧紧地包围着我们。

第十八章

冰雪永远不会融化的地方

我们常常这样说，“冰雪覆盖高峰”，实际上，用“冰”来形容并不一定准确。真正的冰在很高的山顶上是难以出现的，这是因为在那样的高度上缺乏形成冰的水。

冰雪之地

我们与鲍曼、索绪尔、雷蒙德一起经历了那些没有人烟的荒凉之地，虽然那些被冰雪覆盖的地方看上去没有生命，只有可怕的孤寂和严寒，但实际上这些地方不是在沉默而是在忙碌地工作着，就如同那富饶丰沛的大草原，它们紧张地酝酿着新的生命。在那里的土壤里，存在着许多有益的资源。在溪流也是充满活泼、充满生气的，从最初的仅有涓涓细流由罅隙中滴下来，到无数水滴汇聚起来流入那宁静的小河，滋养那河流的两岸土地，直到最后，无数的小河流再一次汇聚，变成翻腾的大河，最后奔腾入浩瀚的海洋。每年下雨的雨水其源头都是由山顶那积聚的冰雪提供的，而那些冰雪对于肥沃的土地来说，是不能缺少的水的源泉。

地球上土壤的灌溉和滋润，对于植物和动物来说都是不可缺少的大事。积存在大气中的湿汽不断积聚，最后形成雨或雪降落到地面，才算完成了这件工作。反过来，海水在阳光的照射下化成水蒸汽，然后上升到云层上，进行不断积聚，又等待着下一次的循环。陆地上的所有河道、海洋、河流、喷泉、小溪，还有其他的各样的水也都处在这样无休止的循环状态之下。它们当中的大多数会重新在大气中获取水分，所以不会枯涸。不管是涓涓流向那长满青草树木的小溪，还是跳跃在山涧岩石，不断奔腾着的洪流，或是拥有几千米宽度的大河，它们最后的归宿就是奔腾流入大海，再从由大海蒸腾至水蒸汽中补充大气水量。这些来源于大气和大海的水供养着一座座城市和更广袤的乡村。

雨、雪、水

雨云在山顶上聚集起来变成雨水落下，然后好像进入海绵似的进入土壤，这种循环永不停止。如果湿度到了一定的程度，土壤中存储的水就会变成小溪、河流、泉水，在山间不断流淌，并最终与山下其他河流汇聚到一起。有时，雨云会变成雨水，冲刷着山坡，附近的山涧溪流中的水流量就会得到补充和增加。有时雨云会直接变为雪掉下来，然后，那些积雪在那太阳光强烈照射的时候融化，灌溉土壤，这种形式就好比蓄水池。

有时，公路也离不开水的滋润，当公路因为缺水而变得干燥、显得灰蒙蒙时，大雨落下，路基就会变得泥泞不堪，这种灌溉效果也只有雨水才能造出。没有雨水的补给，那翻滚着丰富泡沫的洪流也会变得枯涸。如果说大地对水的依赖只是空气中的点点水分，那么大自然就只有一些小溪水、小河流了。而若一条大河想要保持持续的奔腾，就必须依靠雪山融化的雪水进行补充了。

如果雨水长时间地不停降落，那么它的作用就不仅仅是冲刷地面了，它很快就会流走并渗入到地下储备起来。短时间内，一场大雨或许让一条大河的水量翻倍，并且满得溢出水岸。但是它不可能让这个河流永远保持着这样的状态。频繁的降水会发生十分严重的洪涝等灾害，所以雨水并不能持续不断地提供水源，对于河水水量的补充只是暂时的。

对于雪而言，就是另外一种状况了，它可以被誉为是固态的雨。积雪会慢慢融化，那么可以长时间地对河流进行水量补充了。融化过程是很慢的，附近的地面也在缓慢地吸收水分，由于积雪覆盖的原因，太阳也不会在短时间内把地面很快地烤干。所以，水分慢慢地深入到地底下，在底下的河道里储藏起来，成为地下水。

这个道理与家庭经济学规则相似，自然界的经济学规则也要遵循这样的发展。在生活中，东西来得越快那么去得也快，相反，如果是我们的辛勤劳动换来的，一分一分慢慢积攒而来的钱我们也会省着花。同样，如果下的是一场暴雨，那遗留下来的水分在短时间内就被太阳光蒸发掉了，而如果是积雪，它会慢慢融化，而水分则会被一点一点地积攒。

可是平原上降落的雪对于那些大河流的需求量来说还是不够的，不仅仅在数量上，就是次数上也是无法满足需要的。而且融化后的雪水甚至来不及往地下渗就会在太阳光的照射下蒸发掉。像这样的降雪因为缺乏时间而来不及被地面吸收，产生的效果还不及降雨来得好。在这里，我们将用充分的事例来证明山脉的重要性。

大气的温度是随着海拔高度的增加而急剧地下降，大概是每增高 150-200 米，温度就会下降 1 摄氏度。所以，在 2000-3000 米的高山上，它的温度就在冰点以下了。在高处，因为寒冷，不管是夏天，还是冬天，空气中那凝结着的水蒸汽都不会化成雨水降落下来，它们只能化成雪。当洁白的雪花自高处飘落下来时，离地面越近，温度越高，当它最后到达地面时，雪花就融化成了雨滴。在高山上，当一场阵雨过后，在附近的山脉可以很容易地看到一层新形成的降雪层，这就是最好的证明。

即使在最炎热的夏天，一开始也不是降雨而只能是降雪。但是因为气候温度的不同，冬天时，由于气候寒冷，所以水是以雪花的形式飘落下来；但在一些温暖的地方，雪花在降落时会融化成为雨滴降落到地面。这就破坏了它对河流和其他一些水源水量方面的供给，那用什么样的方法才能够避免发生这样的转化呢？也就是说让雪在任何温度和任何气候下都是以雪而不是以雨的形式降落下来。很简单，我们要让雪在降落时还没有达到它们融化的温度，就已经集结成为了雪块。那么就必须选在一个相对比较寒冷的地方，只有这样才能有足够的雪积累。所以，高山也就成了它们的唯一降落点，也就是那常年温度在零度下的高峰。

因为山间始终弥漫薄雾，而且这里的大部分地区常年为积雪所覆盖，所以很多大河的源头都是在高山的山脉上。薄雾冷凝和积雪融化形成的水珠汇聚到一起就成了河流，顺着山势奔腾而下。有些河流沿着其中的一面山坡奔流着，也有一些河流顺延着另外一面的山坡蜿蜒而下。两条不一样的流域之间的河间高地或者山岭就是“分水岭”。你可以想象一下那山顶的积雪慢慢融化时的场景，有两条河道分别在积雪的高山的两侧奔流而下。山顶上融化后的雪水聚集形成细细的河流在山的两侧悠悠流淌，不断吸收着途中遇到的其他细小河流，然后在山底的平原处汇集，进而形成一条大河。

我们住的地方，冰雪只有在冬天才会覆盖了地面，但即使这是个一般高度的山顶地区，积雪在一年当中大部分时间都存在。而一些地处热带的平原地区甚至根本就没有冰雪，但这个地方高高的山顶上的积雪却能经年不化。在那极地地区，即使太阳连续照射上几个月、几个星期，它也不能使几百米高度内的山顶积雪完全融化，这是因为它的高海拔温度特别的低的原因。

所以从地球的这一端到它的那一端，不管是在赤道地区还是寒带地区，在同一海拔温度上，无论平原地区的温度是高还是低，阳光照射产生的热量都无法将山顶那常年的积雪化掉。高海拔的地区，哪怕在仲夏也不会出现降雨的，只会出现些冰雹或者雪花。在那里你不会看到裸露在外的地面和岩石，只有白色的积雪在笼罩着一切。那么，怎样的海拔能够使积雪保持常年不化呢？非常简单，一个地区，如果气温越高，那么需要的海拔也就越高。自赤道至两极地区需要的海拔是逐渐降低。在赤道地区，保持积雪常年不化的海拔是 4800 米，阿尔卑斯山和比利牛斯山脉是 2700 米，冰岛地区是 936 米，而在斯匹次卑尔根岛地区，它所需要的海拔则是 0 米。

高山上的冰雪

我们常常这样说，“冰雪覆盖高峰”，实际上，用“冰”来形容并不一定准确。真正的冰在很高的山顶上是难以出现的，这是因为在那样的高度上缺乏形成冰的水。那里的水，都是融化后的雪水或者是雨水，而我们知道，雨水是不会在那寒冷无比的山顶上降落，只会落下雨夹雪或者是雪花，但是雪在这样的温度下无法全部融化，并且要在高山上使雪表面融化，还需要在没有云朵的夏天才有可能发生，但这样子的天气在一年当中只有寥寥几天罢了。即使有少量的雪水融化了，在夜晚来临之后便结成冰，并把它周围的雪块也全部凝聚到一起，可是这少量的雪水能凝聚形成只是很薄的一层冰。在下边，我来讲解我们在白朗峰试验期间通过观察而得出来的结论。

白朗峰的山顶是一条又长又窄只能允许一个人通过的山脊，从东边一路蜿蜒向西，每一个斜坡都是一样的单调，除了没有穷尽的白色雪带，啥都没有。

阿尔卑斯山顶上的积雪

雪层的上面只有一层很薄的冰，轻轻一踩，这层冰就会破裂。这是由于白天的强烈日照使雪融化而到了晚上冰冻起来形成的。在山腰处，因为雪面受直接的光照照射，那里雪的融化程度比山顶要深，所以在那里形成的冰面比山顶的厚一些，可以承受住人的重量。不管怎样，这冰层的下面只有白雪，要么是紧密而又结实地堆在一起，要么是松散又干燥的粉末状。再往下，又是一层外面是一层冰形成的壳，里面是包裹的白雪；这样顺次往下，一直绵延不绝，无穷无尽。冰衣覆盖在层层的雪之间，一年一年地累积，经年不化。

山顶的雪层上的冰衣很薄，禁不起一阵风吹就被摧毁了，晶莹的碎片中夹杂着粉白色的雪沫，被疾风挟裹着在山中弥漫。此时，在附近山谷中常见的是一阵浅灰色迷雾或是烟雾自山顶升腾起来，伴随着风四处飞散。山下的村民们形象地称其是“白朗峰吹烟斗”。也有些时候，这阵飞雪会被夕阳染成浅红色，就如同火山将要爆发的景象。要测量山顶积雪的厚度，是不容易的事。它必须要有某个冰雪层的横切面才能够测量，可是要找到这横切面是不可能的。我们通过各样的观察以及试验，也无法得到高山冰川的厚度。最后，索绪尔认为，山顶常年积累的雪的厚度大概是 60 米。

不过，这个厚度不表示有史以来在白朗峰上的降雪只有这个厚度。在阿尔卑斯山脉上，它一年的降雪量就有 18 米。可能你会问，那山顶雪的厚度为什么不是多年以来降雪累积总和呢？其实，雪面表层上融化的冰雪可以忽略不计，而且有一层融化了，它后来被冰冻而成的冰层会变成一层保护层，使它下面的冰雪难以融化，那么，在过去常年积累而形成的山顶上那厚厚的冰雪层又消失到哪去了？每年降的雪难道不是积累在一起吗？山顶的雪堆难道不是一层又一层无穷无尽地累积吗？

事实的确不是这样的，大自然是一个有着很强平衡性的系统，大自然中的任何一个物种都不可能超越另一个物种而位于它之上，即使所经历的时间很长也不会实现，如果真是这样，就会使大自然变得混乱无序。如果位于山顶上的湿气总是能够凝固成为冰雪，并且不断地在山顶积累，那么整座大山就会变成一幢冰雪建筑，不断散发着充满寒意的光芒，随之而来的便是附近地区的气温急剧下降。而附近地区海里的水也会被不断蒸发，到这里形成冰雪不断降落，其他的地区就会无比干旱。而如果这种现象持续，其他地区的海水也会被慢慢蒸干，随处都将变成冰雪的一片荒漠。直到最后，像格陵兰岛那样，地球都会终年为冰雪所覆盖，成为一个巨大的冰球。但是根据地球上的事物平衡性原则，我们就可以判定积雪无限堆积的说法是错误的，它们不是没有限度的积累，而像其他地区的雪是一样的，它们会慢慢融化并消失，通过水的循环过程，再回到海洋的怀抱。

山顶上，积雪融化的过程并不是因为太阳的照射，在山顶那样的高度上，太阳的热量不足以把雪融化，把积雪融化掉的是地表下面来自地球内部的能量。在前面，我们曾经讲过高度越低，地球内部的温度越高的规律。地球里面存在的巨大能量可以把山顶上那厚重的一层冰雪融化。降雪时，飘舞的雪花降落在雪堆上。地球表面的温度比积雪的融点要高，地球里面的温度对地球表面接触的积雪之间相互作用，慢慢地把积雪融化了，这数量与降雪数量是相等的。因此，即使每年都有飞雪不断降落，但山顶的积雪高度是不会有很大的变化的。雪融化后形成的地下水使地球表面变得潮湿和滋润，然后沿着山的两侧一路聚集，形成溪流，把大地滋养。

在高山上经常发生的雪崩也是一个对积雪的积累进行限制的重要机制。如果有大量的积雪聚集在一个很峻峭的山坡上，那么，外力产生的作用会使雪堆打破这暂时的平衡，从山顶呼啸而下，冲向山谷。而这外力，可以是微不足道的一小块松动了的石头，或者一股强劲的风，一声枪声的回声，也可能是冰川产生裂缝而发出的劈啪声，甚至是一个登山员粗心发出的足音……不管哪种声音，只要能打破斜坡和雪堆之间那极为微妙的平衡就已经足够了，这些都会引起一场严重的雪崩。而只要雪崩一开始，旁边的那些临近的雪堆就势必会群起响应，进而引发一场声势更为浩大的集体雪崩活动，就好比一道白色的洪流，积雪卷走了所有的障碍物，打着旋儿，携带着大量的雪沫奔腾呼啸而下，远看好似一条银白色的雪带自上面狂怒地滚滚而下。有时候，这种打破自然界均衡状态的方式会带来十分大的灾难，建筑物和人都会被雪崩抛出去很远的一段距离。

几乎每天都会发生雪崩现象，从山顶上有大量的积雪滚落到附近的一些山谷之中。在那里，所有的冰川都聚集到一起，我们在下一章中会作详细的介绍。在一般情况下，这些雪崩经过的道路都是没有人烟的地方，很少会对人类造成惨重的损失。但是一旦有大量的积雪向有人类居住着的山谷滚落，那么所造成的人员伤亡和财产损失将是严重甚至是不可估量的。它们从天而降，把整个的村庄毁得面目全非，白白的积雪之下就会活活掩埋上百的人命。

春天来到的时候，太阳光发出的热量使积雪的表层慢慢融化了，这时候的任何攀登者都要小心，在攀爬时要谨防发生雪崩。这时攀爬的最佳时机是在太阳还没出来之前，因为此时的雪堆还被前一天晚上的寒冷天气在原地凝固着；但即使是这样，如果进行团队攀登，团员之间要形成一个纵队向前行进，每两个人之间保持一定的距离。只有这样，当发生雪崩的时候，虽然不可避免地要卷走一部分团队的成员，但是可能还会剩下一部分的成员有逃离危险的机会，可以开展营救工作。在行进过程中，还要保持着绝对安静的环境，即便是驴子挂在身上的铃铛也是必须去掉的，总而言之，不管是怎样的声响，甚至只是空气轻微的震动也有可能引起一次雪崩，关于这点我们在前边已经作了介绍。有时候如果远征队觉得将要去的那个地方相当危险，会向山上发射一颗炮弹，让爆炸提前引发雪崩，这样攀登的时候就安全多了。在阿尔卑斯山脉的危险地带，常常会看到有专门建成的冰雪棚屋和冰川区，这样就可以使雪崩对攀登者的危险大大降低。

如山洪爆发般的雪崩

第十九章

冰川

我们都知道水滴石穿，所以我们必须承认所有的事物在这样强的摩擦力作用下都会屈服。裸露的岩石在冰川的移动方向上，都会被冰川磨出一些深而长的刻痕，就像是山间田地上的犁沟。

冰川的形成

很多大型河流的发源地都是山脉。不管是炎热的夏天，还是寒冷的冬天，在任何一个季节，由于海水的蒸发而形成的雨云，在风的吹动下都会变成雪花，慢慢飘落到山顶，经过长年积累，一层又一层地叠加起来，成了很厚的冰川。虽然下层的积雪在不断融化，但是新的雪很快就会补充进来，所以，这里的积雪可以常年不化。积雪在融化以后变成了地下水，滋润被寒冷冻住的地面，然后顺延着山谷慢慢地汇集，最终形成一道冰河缓慢地流向大山以外的地方。

如果这个过程进行得太快了，那么融化后形成的雪水会在几天内就会汇集在一起，形成洪流向低地冲去，一场洪涝灾害不可避免，然后紧接着又会有长时间的干旱。可是，这个过程如果太慢了也不行，过程太慢，那些融化后的雪水在还来不及和其他的河流相汇集的时候就在阳光的照射下蒸发了，或者是浸入了砂砾层。

雪堆融化的时候，如果是在高高的山顶上，那这个过程就比较缓慢，太阳提供给它的热量太小，而地球内部的热量融化而来的雪水又远远不能提供大的河流每天需要的水。位于山脚下的雪在阳光的照射下，融化的速度是很快的。但是对于在山下的城市而言，只有把这两股溪流混合后取平均值才最合适。按照这样的理论，我们也要把位于山顶的雪搬运到山下的某个有着适当热量和温度的地方，这样才能产生所需要的融化雪水量，不过这样的话，选择运输工具时就很费思量了。换句话而言，我们要想一些很有创意的办法把积雪从上层运到下层，而这个办法就是冰川。

雪堆从斜坡上呼啸着滚落至附近的山谷，正如我们前一章所讲的。在每一个和冰雪覆盖着的山坡临近的山谷，都有常年积累的许多冰雪，由于雪崩的作用，上层的积雪时时地更新。因为这些冰床在持续增长的雪层的压力下持续固化，慢慢地变硬，并且因为有些雪层是经过了融化而后又结成冰，形成了冰川。长时间积雪的山上都有一个这样的山谷。在阿尔卑斯山上更是有上百个冰川。它们的长度大概有 20 千米，宽度有 5 千米，厚度大概有三四十米，也有些冰川的厚度可以达到 200 到 400 米。

冰川的外貌各不相同。在有些地方，它们看起来好像是大海中的巨浪正在翻腾时却在突然之间被冰冻住了，静止了。有些地方的冰川表面是平坦而光滑的，但在一个斜面上像点缀了很多不透明的亮晶晶的珠子。也有些看起来好像是闪着光的巨大镜子，反射出刺眼的光芒。在这里，对所看到的形状可以尽情地想象，那些奇形怪状的建筑物在阳光的照耀下流光溢彩，非常吸引人的眼球。但不管在哪儿，你都可以看得见有横向走势的大裂缝，好像是伟人张着大嘴打哈欠。透过裂缝可以看得见冰川最底层的景色。在裂缝不深的地方冰壁有淡蓝色或者浅绿色的光，它的颜色会逐渐变暗，到坑底时，就变得完全黑暗了，裂缝的底端还会传来了沙沙的流水声，其实，在冰川的底部，都有湍急的水流在流淌。在阳光的照耀下，冰川闪烁着绿宝石般的颜色，与此同时，在冰川融化了的部分就会有一条冰道形成，冰凉清澈的融水在这水晶似的冰道流淌，然后消失在冰川的罅隙之中。又大又圆的或和贝壳一样形状的剔透晶莹的水晶冰盆在高山上随处可见。上千条小溪在这汇聚在一起，不过这些冰盆是永远都难以填满的，绝大部分的融水都会在冰川的深处消失。

在地势逐渐降低的冰川末端，有时候会因为出现冰川、冰谷等突然停止，就好似是什么器物垂直地切下了一刀，从底端形成的冰洞往上丈量，它的高度甚至会达到 30 米。在这个冰洞里会涌现出湍急奔腾着泡沫的急流。在冰川移动时由于所侵蚀岩石层质地的不同，所以流水也呈现出乳白色、绿色或者黑色等不同的颜色。在冰川缓慢向前移动的时候，其自身也由于水流形成的巨大压力下，慢慢地磨损、消逝。不断向前移动的冰川的前面是一片堆积各式石块的混乱地带，这是我们所知道的冰川结束的标志，洪流跨过这天然形成的堤坝，奔腾在岩石之间。

在这些由冰川形成的洞穴中，可以容纳一个人行走很长的一段距离。这些洞穴发出了许多奇异无比的光线。天空是半透明的，冰壁是清澈光滑的，这些靛青色和翠绿色的光芒活跃地跳跃着。这样的光芒并不耀眼，也不像在黑暗中的那般暗淡，那是仿佛在深海中的海绿色微光。如果是在白天，偶尔有些阳光投入到冰洞中，就会看到一幅最为壮观神奇的景色，好像精灵世界一样流光溢彩。冰洞是由边缘的冰棱柱支撑形成的，这些冰棱柱吸收从外面照射进来的光线，然后把它们打碎并分解成为各种颜色的光芒，变成一个色彩缤纷的世界。七彩的霓虹光芒闪耀在冰壁之间，悬挂在冰冻上边的钟乳石也被点亮，散发出红宝石一样的光芒，在它的每一个侧面都呈现出火焰般的炫目色彩。就好像是悬挂着彩色的冰灯，到处都充溢着光芒，好似美丽的彩虹。

但是在这里观赏这样的美景是非常危险的，尤其在冰雪融化期间。洞顶塌落下来的大片冰雪会把观赏者压扁。曾经有两位探险家在欣赏一个冰洞的时候，开玩笑时向洞顶打了一枪，甚至他们都听见了子弹爆发而引起的回声。但这一枪引起洞顶塌方，这两个年轻人再也没有能够看到太阳。不管怎样，那些不怕危险，想到洞里边看一眼世间的奇景的人，总是在寻找各种道路，虽然他们会遇到一些狭窄的通道、冰川以及泛着融解了一半的冰雪河渠，但在最终都会无路可走。

你知道真实冰川的是什么样子吗

让我们再一起回到冰川外面。冰川的外表其实并不像光滑的冰那样光滑，它是粗糙并且带着一些颗粒的，因此只有斜面十分陡峭，否则冰川滑落是不会很快的。在它的外面覆有一层圆圆的微粒，这是粒雪。它的外表看上去好像是粗盐一样，如果雪花一旦落到地上就产生变化，随着时间和条件的变化，晶体的特征就会失去，最后形成圆球形状的雪。

冰川上形成的冰和我们所常见的冰有很大的不同，它们的结构松散，凝聚力也非常弱，所以经常发生分崩离析。在冰川的下层，冰会破裂，形成胡桃大小的碎片，而顶端又会碎成豌豆般大小。这样的异常结构是很容易解释的，如果说冰川来源是大片的水域突然冻结形成的冰层，那这样这块冰应该整个是均匀而透明的，不过冰川的形成却不是水结成冰。冰川的形成是因为雪崩时的大量的积雪积累，冰川在白天会融化或者由于下雨，到晚上，因为气温下降又会结冰，如此的过程循环往复，在最后就成为有着很多孔隙颗粒状结构的冰块。冰川的制作非常简单，只要将少量的雪融化了，然后使它结冰，如此重复累加就可以得到一个微型冰川了。

冰川还有一个明显的特征就是在每一个冰川的侧面，都有碎石或岩块、细腻或者粗糙的沙石粒以及泥块的一些混合物质组成的一条碎边一直延伸至整个冰川的高度，这就是冰川侧碛。这些碎石岩块的来源很丰富，因此靠近山坡的侧碛都很高大，好像是左右两路夹着冰川的那巍峨城墙。

在大多数人看来，冰川是静止矗立的，而且应该持久牢固。在这些冰块中，许多冰川已经存在几个世纪，看上去它们丝毫不动，似乎就矗立在了山谷之间。层层冰雪积累，让它们有了足够的力量和韧性能在山谷之中牢牢地站立，似乎世间没有任何一种力量能够撼动得了它们的地位。

不过这些所谓的坚固是个假象，实际上，冰川是在不断移动的，它们应该形象地被称作是能够移动的固态河流，像我们见过的液态河流那样也是可以流动的，虽然流动的速度很缓慢。冰川的移动速度很慢，向下移动时的日平均速度只有几厘米。作为一个整体移动的固体，冰川在移动时要拖动着很多冰层和无数的负担物。流动着的水冲刷着河床的表面，流动着的冰又把岩石块碾碎，使它们变作岩泥。如果湿润的碎屑和细沙长时间地摩擦，即使是石头，也会被磨光的。一样的道理，在冰川向前移动时，和岩石产生一些摩擦，于是岩石就被划出一道道很深的切痕。

我们都知道水滴石穿，所以我们必须承认所有的事物在这样强的摩擦力作用下都会屈服。裸露的岩石在冰川的移动方向上，都会被冰川磨出一些深而长的刻痕，就像是山间田地上的犁沟。这些刻痕沿着规则的几何形状的平行线不断向前延伸。冰川的这种行为可以称之为粗暴，在这个过程中，岩石变成了小碎块，随后就被磨成了粗细不一的砂砾，到最后完全变成了粉末。岩石的表面也被打磨得很光滑，就像大理石那样。同时，冰川里的溪流也缓慢地流淌着，

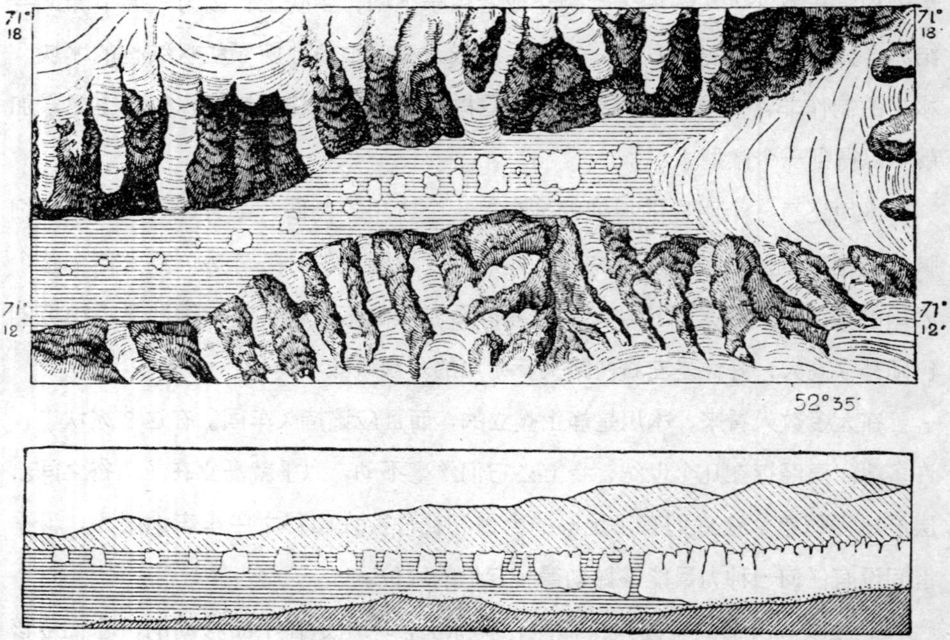

冰川移动图

磨损和打磨时形成的粉末进入溪流的底部，也正是这个原因，发源自冰川的底部的溪流一般都是很浑浊的。

溪流带出的泥沙和小圆石都会在河口堆积和沉淀。河流可以说是搬运矿物质的工人。在这里需要说明一下，我们所说的小圆石是山石碎块，它们不是滚落到山谷中的，而是在发生雷电、风暴和雪崩时随着向下滑动的冰川一起滑到山谷。在冰川向下移动的时，这些沉淀物也跟随着它一起移动，由于重量大，所以向下的力量也大，一路走来毫无障碍。随后，冰川到了温度高的地方，太阳的光照就开始产生威力了，此时冰川就会停靠在一个悬崖边，继续融化，然后就有新的冰川来取代它。

在这里，没有冰冻束缚后的冰川融化成流水，成为一道流向山谷的激流。在冰川两旁冰碛的一些碎片，此时随着包含着它们的小冰川继续缓慢地前进。对于这些碎片而言，它们的目的地就在前面。这是因为包裹着它们的小冰川在流动的过程中融化了，使得它们失去了可以依托的力量，导致它们很快地沉入水底，和以前掉落的碎片混合，形成一体。在一个地方冰川停顿的时间过长，在冰舌的前端，两条侧碛就会交会在一起，形成一段环形终碛。

什么造成了冰川的移动

现在我们知道了冰川移动所带来的后果，那么，再来看一下如此厚重的冰块却能够发生移动的原因，找出使它向下移动的力量源泉。它的主要原因有以下两个方面：

第一，冰川所在的地方都比较倾斜。几乎所有的冰川都在倾斜着的斜坡上，并且即便是在寒冷的冬天，冰川和与它的接触地面间流淌着冰雪融化而变成雪水。非常明显，雪水使地面和冰川之间的粘合力降低，冰川自身的重力就推着它从较高的地方移动到地势较低的山谷，速度虽然缓慢但却很稳定。

第二，冰川自身有很大的膨胀力。冰里面含有含有很多的空气，当冰形成了封闭的空间之后，空气总量就保持不变，而这些冰里的空气会向冰壁施出不可抗拒的压力，也就是我们所说的膨胀力。更深一层地讲，冰川的质地不是十分紧密和均匀，而是充满了松散的空间和气孔。由于在冰川上堆积的雪堆都是从四面八方聚集而来，所以在它的中间不可避免地充满了罅隙和裂痕。由于白天表面冰面的融化，这些融化以后的水，填满了罅隙和气孔。到晚上时气温又降到冰点以下。这些裂缝中的融水在结冰后也会对裂缝产生一股巨大的推力，这股巨大的推力就是冰川无法抗拒的一股膨胀力。所以，在推动力和摩擦力中间，冰川自身也在不停地作斗争，导致冰川的底部最终发生了破裂，形成一个巨大的空隙，这就减弱了冰川向下移动时的阻碍。

在一年当中，冰川挪动的距离都是不相同的，但是它们的速度同它们所在的斜坡与其移动方向所形成的倾斜角之间有很大的关系。有人在某些地区中测量出冰川每年向前推进的距离是 20 米。不管冰川的速度到底如何，只要它到达一个其温度能够使它们融化的地区时，它们的运动就会停止，就地融化变成激流，成为某一条河流中的支流或源泉流入山下。虽然在这里，冰川将被太阳融化，走到了行程的终点，但是在起点处，在山谷的上方积雪在持续累积，以后会形成为新的冰川，然后继续开始向下运动。

北欧冰岛的冰川

冰川要融化，必须下滑至积雪线以下很远的一段距离。而这条线路我们知道就是某些高出地平线 2700 米左右的地方。如位于阿尔卑斯山中部地区的冰川要向下移动到海拔大约 1100 米或 1000 米的地区，才能被太阳融化。在这里，不仅有绿色的灌木和大型的树木可以生长，也是农作物可以种植的地方。你可以大致想象得出，在这里，冰川融化后形成的雪水在胡桃树下以及耕地中肆意流淌，这是一件怎样奇怪的事情。冰川闪烁着蓝色的光芒，但它的前面却是稻花飘香的田地，牛群静静地在刚刚齐胸高的绿色草地吃草，蜜蜂在柔荑花之间忙碌地穿梭采蜜，眼前的一切，到处都是生机勃勃的一片，但是在后面不远处却是冰冷无比，不仅死气沉沉而且还充满着寒意。或许我们还不能这样说，在阳光的照射和地表下面产生的热量的不断作用下，使得冰川慢慢融化，形成了一股充满着生命的源泉，又或者它会奔流千里，同其他的大河相聚在一起，奔向大海。不错，这里是生机盎然，充满了活力，虽然在表面看来它还完全不是这样。但是，冰川作为一个伟大使者，用它自己独有的聪明方式，把冰冻着的水从高山之上送到山下，让长年不化的雪能输送到山谷之中融化，从而让山下的每一处地方都能得到灌溉。

第二十章

伟大的河流

大量的雨水和冰雪融化的水分有的在地面汇聚，成为小河，这些小河顺着地表自然形成的沟沟壑壑四处奔涌、汇合，最后不断汇集壮大，形成了平静、广阔的湖面，或者波澜壮阔的大江大河，这些大河带着水流奔流不息、贯穿整个大陆，最终流进大海。

我们的溪流、泉水、湖泊、海洋都处在不停的变化当中。不管是高温的蒸发，还是植物土壤的吸收，都会使水不断减少，但是河流却没有枯竭。原因在于降雨、空气中的湿汽、融化的冰雪等都在不断地补充流失的水分。大量的雨水和冰雪融化的水分有的在地面汇聚，成为小河，这些小河顺着地表自然形成的沟沟壑壑四处奔涌、汇合，最后不断汇集壮大，形成了平静、广阔的湖面，或者波澜壮阔的大江大河，这些大河带着水流奔流不息、贯穿整个大陆，最终流进大海。从大海来，最终又回归于大海的流水，在这中间通过一系列繁杂的循环过程，灌溉了这一片富饶的土地。这些水汽在蒸发过程中，在空气中流通，经过循环，又降落到大地上，随着来自不同地方的水流到一起，又一同流入大海，回到它们曾经的家。这个过程就如同人体的血液一样，携带着营养的血液从心脏出发，完成输送循环后最终又流回心脏。大海就是整个大地的“心脏”，支持着大地的成长。

小溪流的发源存在着多种可能。也许是在那巨大的白色冰层下面，无数的小水流不断汇聚流动，最终在冰层的终端出口喷薄而出，形成那满是白色泡沫的洪流。亦或者是距山谷很远很远的冰山上被阳光融化的积雪，经过长途跋涉后，再从山谷岩石的缝隙中奔涌而出形成汩汩清泉。当然，许多例子可以表明，水还可以从松软的泥土、破裂的岩石中渗出。如从冰窟中喷涌而出的泉水形成了法国著名的喷泉景观——沃克吕兹喷泉。

沃克吕兹喷泉的泉水发源于一个峡谷的谷底。这个峡谷的地势有着与众不同的特点。因为这个峡谷被突然升起的垂直峡壁所拦截，横空出世的陡壁将山谷隔离开来，形成了一个封闭的峡谷。试想一下，在这样一座峡谷内，许多光秃秃的岩石形成了崎岖的峡壁，风暴和流水的冲击把谷底的石块都堆砌成像金字塔那样的锥形，泛着微红的石墙就像一个武士一样矗立在你的面前，使得向各个方向延伸的努力都被阻断了。由岩石形成的谷壁，形成了难以攀爬的陡峭的山腰，这就是著名的沃克吕兹峡谷的基本结构。

每当低水位季节来临的时候，泉源几乎没有任何水流，到处都是生长在堆积的石头上的黑色苔藓。可以想象，在这些覆盖着如天鹅绒般柔软的苔藓的岩石下，一定会有成群的水生动物在这些凉爽的阴影下快活地生活。当泉水渐渐涌起时，大量的水流进了众多生物生活的水潭中，整个水潭变得平静又清澈。但是主泉源却不在此，而是矗立在直立的峡壁脚下。因为地表的迅速下沉，在这里形成了一个大溶洞。置身溶洞之中的感觉就仿佛觉得自己在一个天然的石拱桥下，整座山的重量都在这粗糙的石拱桥顶部，你低头看去，就会发现一汪美丽的泉水，这里没有外界的污染，有的只是平静、蔚蓝以及深不见底的泉水。

水位上升的时候，正是雨季或者是解冻的季节，溶洞中充满了水，这水最后漫出溶洞，汇集起来的巨大的流水以迅雷不及掩耳之势把整座山谷全部占领。紧接着雷鸣般的轰响不绝于耳，当你还没有意识到发生了什么的时候，奔腾的泉水已经从沃克吕兹喷泉喷出。满是苔藓的岩石上到处都是泉水的足迹，它顽皮地从岩石上跃起，然后飞快地去占领另一片土地，从前干燥的空气已经充满了水汽，晶莹的水珠在太阳的照射下，折射出太阳美丽的七彩的颜色。强大的水流带着滚滚雷声，猛烈地拍打着巨大的岩石，飞溅而起的水花带着似雪般的泡沫，四处飞溅。当一切回归平静时，峡谷又恢复了原先的安宁。在峡谷不远处，有一条名为索尔格的重要河流，它的水源完全就来自沃克吕兹泉，并且滋润着它所流经的所有地方，在经过一路跋涉之后流入隆河。山谷的底部非常荒芜，那么这么大量的水又是从哪里涌来的呢？更何况处于旱季的山谷永远是那么干涸，龟裂的大地冒着白烟，就仿佛是一座即将喷发的火山。其实，与之相邻的冯杜山等地常年厚厚的积雪层就是这干涸之地的泉水的来源。当积雪融化时，大量的雪水便沿着地下水道来到山谷谷底，最后形成水源。

瀑布

河水流动的道路全部是由河床构成的，河水顺着河床从上游流下，最后进入宽阔的河口。河流会经过许许多多的地形地貌，河床的突然升起或者突然下降使得河流形成了非常明显的落差，例如飞流直泻的瀑布就是因为河水在流淌的途中遇到了地面的突然下沉而形成的。

加瓦尔尼大瀑布可以说是整个欧洲最负盛名的瀑布。加瓦尔尼高原紧挨着佩尔杜山和比利牛斯山，是最荒凉的地方。一座高 100 米的半圆形垂直的岩石墙环绕着它。这座巨大的岩石的夹缝中满是积雪，在靠着常年覆盖着积雪的半圆形山脉，有 10 条或 12 条溪流从山上奔流而下，直到高原之上。其中水势最宏大的一条是从距地面大约 410 米高的悬垂的岩石上跃下，在下落到一半的时候就撞到山腰上，然后又落下。这种独特的下落方式让它看起来像是一条闪着银白色光芒的在空中轻纱飘落而下。它那洁白、轻盈的姿态完全可以和天上的白云媲美。阳光照耀着它，半透明的薄雾折射出七彩的光，随着水滴大小的变化，彩虹的颜色也跟着不断发生变化，或是暗淡，或是艳丽，看起

层层叠叠的法国加瓦尔尼大瀑布

来美不胜收，让人留恋不已。

这条发光的缎带最后落到地面上，激流猛烈地撞击着岩石，被溅起成片的泡沫，在太阳下闪闪发光，令人赏心悦目。那泛起的泡沫就好比是一片片洁白而又轻盈的羽毛。岩石顶端高耸入云，朵朵白云环绕着它，小瀑布破开这一片常年覆盖着冰雪的高原，形成了一条属于自己的通路，由于上面有残留的冰层，所以叫做冰桥。溪流从距冰面下一段距离流过，然后又和来自其他地方的溪流聚集，最后从高处落下。因为高原上没有任何阻碍的物体，深蓝色的水流可以在高原上不受约束的肆意地流淌。水流冲进山谷，汹涌的浪花拍打着岩石，雪白的泡沫飞溅到空中，景色很壮观。

在北美洲的圣·劳伦斯河是北美五大著名湖泊汇集地，在五大湖水流经伊利湖和安大略湖的狭隘流路时，突然形成了一个高达50米的落差，这也就形成了这世界上最著名、最壮观的瀑布——尼亚加拉大瀑布。

瀑布落下的大量的水流，就好像整个海洋被倾倒进深渊似的。一座长满花草树木的小岛就在瀑布的边缘，把瀑布分为两条，一条类似马蹄铁形状的在加拿大境内，范围大约有600米广，而位于美国境内的另一条就好比是平展打开的水帘，没有任何的曲线。尼亚加拉大瀑布的两条支流在印第安人那里被叫做“雷鸣之水”，每分钟瀑布落下的水流有25000立方米。

尼亚加拉大瀑布会让所有见识到它真面目的人都感到赞叹和畏惧，都惊讶得说不出话。从岩石的边缘落下的水流会显现出一种黑色，并且这种黑色还带着幽绿的光，所以当巨大的水流奔跑起来时，会让人感觉到是一件上等的水晶工艺品从高空中缓缓落下。当到达瀑布的底端时，这整条水晶珠串就突然沉寂在深渊之中。瀑布落下时会产生巨大的声响，那种震耳欲聋的声音即使连雷声都显得渺小。澎湃的水流夹杂着浪花翻滚着，使它周围出现了层层白色的薄雾，如烟似雾，似幻似真，让人有一种如在仙境的感觉。

再来看另一边，美国境内的瀑布就好像是一个勤劳的工人，建造了一条通往瀑布脚下的阶梯。伴随着永不知疲倦的巨大响声，慢慢拾级而下，小心翼翼的人们似乎无暇去欣赏，只能靠着陡峭的岩壁随着宏伟的瀑布水帘走下去。在这里有一座人口稠密的美丽城镇，人们与神奇的大自然做着不屈服的最原始的斗争，在瀑布的落下处架起了一座桥梁，可以一直延伸到离瀑布更远的地方。这座桥梁横跨在溪流之上，把两岸紧紧地联系在一起。更值得一说的是这座桥不是一座普普通通的桥，这座桥被分为了上下两层，层间距有 8 米多，所以桥的上层可作火车道，而下层就可以当作汽车和人流走的通道。

河岸

若河床没有出现垂直的跌落，而仅仅只是变成了有些倾斜的斜坡，同时，在河床的底部还有许多散落着大块大块的岩石，这就是被我们称作湍滩的地形。湍滩不是那种拥有巨大水帘和大量水流的瀑布，只是这种分散在错综复杂的小岛和岩石之中的连续的小激流。

有些时候，河流在流经河道时经常会遇到岩石的阻碍。在这种情况下，我们的地球就会形成自然的地下水道，这样那些河流会暂时从人类的视线中消失，但它不是真的不见了，而是在另外的地方出现。日内瓦湖附近的隆河就是这样。隆河上游的交流默兹河在流过巴祖利兹附近时突然不见了，然后在 10 千米远的地方又重新进入人们的视野。河水在西班牙的瓜迪亚纳经过一段较为松软的泥土的过滤后，又重新出现在下游的某个地方。除此之外，西班牙人把这片有地下河流流经的地方称作“宽阔的河桥”，这个地方让牧民有了放牧牲畜的场所，其丰厚的水草可以供 10 万牲畜无忧无虑地生长。就如每个硬币都有两面一样，也有的河流在进入地下之后就像凭空消失一样，再也没有出现过，它们似乎是在地下迷了路。也可能是因为当地的土壤为沙性，把所有的水流全都吞噬了，然后被太阳晒干，变成蒸汽。

有激流勇进的大河，那么就一定会有平静无波的小溪。在那些地势倾斜角很小的地方，河水是比较平静和舒缓的，而河流所携带的泥沙、矿物质或者是其他的什么东西就会因为水流变缓而沉积，久而久之，大量的沉积物出现在平缓的河流入口，把河道堵塞，使得河流被划分成许多的小支流。而在河水进入大海之前，因为沉积物的堆积，河流在入海处就会形成平缓地带，这种地带一般都呈三角形，所以被称为三角洲（德耳塔），这是因为它的形状像希腊字母表中第四个字母而得名的。每条大的河流都有属于自己的三角洲，像隆河、莱茵河、尼罗河、恒河和密西西比河等都以三角洲著名。

卡马戈岛是隆河的三角洲，它位于阿尔勒下面，距大海大约有35千米的距离，在地中海和隆河的中间地带，形成一个面积有1497平方千米的三角洲大平原。这便是卡马戈岛。这是一块漂移不定的平原，在它的周围全是盐水和淡水环绕，它到底是河流的冲击物还是海洋的淤积到现在依然还存在着争议。卡拉卡瑞斯大池塘位于从河岸到三角洲中心地带的平原地区，而且在它的周围还有3个容易区分和辨认的地带，这些地方土地肥沃，非常适合放牧和种植。

第一个地区所拥有肥沃的土地的原因在于它是沿着隆河的两个河口向下，这使得它每年都有着大量的含有营养的冲击土。而在这块土地上种庄稼，不含有海盐成分的水会持续不断地渗进土壤，可以让庄稼更旺盛地生长。

第二个地区庄稼地的一边也就是所谓的由盐地形成的牧场。在牧场上有着数以千计的带着原始野性的牛群漫步其中，三三两两的牧人总是间隔一定的距离骑着马将牧群赶聚至一起，防止被野兽伤害和走散。漆黑的毛皮、较小的体格却很健壮结实、充满野性的眼神的那些牲畜，无一不显露出它们并没有被驯服，而且还相当的凶悍。但是如果你能看到它们肩上那个标记就会发现自己错了。用热铁在其皮肤上烧成的标记符代表着它们已经不自由了，标志着它们还是人类的奴隶，可以在人类的欲望下被拉至屠宰场任意宰杀，来满足人类对肉食的需要，而在普罗旺斯和朗格多克还有一项风靡一时的消遣活动——让公牛赛跑。

在同一片天空下，万物可以自由生长，而在同一片土地上，也有着不同的生物。归属于法国南部牧主的野马曾经属于阿拉伯人，但来到这里，却对这里恶劣环境条件丝毫不在意，倒像是活泼的孩童发现了新玩具般自由自在地成群结队的驰骋在这片土地上。虽说是野马，但它们的体型却并不算很庞大，而且颜色通体雪白，那充满野性的眼神仿佛还在告诉人们它们是无法被驯养的。在它们身上没有马嚼子和马蹄铁。自由到农忙时节的时候，这些马儿才被拉到打谷场工作，当所有工作完成后，它们又完全自由地生活了。

第三个地区位于池塘的周边地区，这地区的一种被动竞争的状态一直没有消除。因为第三地区处在大海与河流的交界地，河流及大海不断在进行争夺土地的交锋。河流带来含有丰富营养的土壤，但是大海马上又将营养带走。久而久之，这片土地就被人们认为是没什么用的一块干地。但是河流在这场竞争中还是有一些优势和胜利，因为每次它的冲击物不会完全被大海带走，总会多少留下一些，也就是说河岸三角洲的土地还是可以基本保留了。更让人惊叹的是，沿海的地区的大陆在被不断地冲向大海，悲观的人也许会想：“可能经过几个世纪的冲刷我们所居住的这片土地就要全被大海冲走了。”但现实还是值得我们庆幸的，因为已经这样过了几个世纪，我们所担心的事情还没有发生，这一代依然快乐地生活着，所以可以说海水侵蚀的速度不是很快的，对大陆几乎造成不了什么明显的影响。可以有把握地说，在我们的日常生活中，水是必不可少的也是生命的第一要素，反而一直供我们生存的土地是排在次要的位置上。

大海因为地势或者其他的原因，总是在陆地上到处流窜，而它在贯穿时带动的沙流却在经年累月中形成了数不胜数的通道，遍布世界的每一个角落。换句话说，不管地势再高、再干旱都可能会随时被海水占领的威胁。一旦这些地方受到海水的渗透，那些带着海盐的水顺着地下的所有能够接受水的物质向土壤发起进军，那些长期受到侵蚀的土壤表面就会结成一层厚且硬的盐壳。所以可以想象在卡马戈的下游会出现怎样的一种景象。在只能生长针叶林而且还是稀稀松松的沙石地带，西北风呼啸着穿过松林，猛力拍打着松树。结着如白霜般厚厚盐碱的地面，到处都是废弃物的湿地和沼泽，动植物的尸体也在此腐烂，到处都是散发着阵阵恶臭气味的肮脏的稀泥，这样的景象让人觉得真是地狱一般。

但是大自然就是如此神奇，哪怕是最不被重视的地方也能产生奇迹。在如此令人难以接受的地方，水生鸟类却把它当成梦想的乐园。野鸭最喜欢栖息在这里的池塘里。站在沙丘之中，只要闭目聆听，就可以感受到阵阵鸟鸣环绕身边。那清脆的啼声，仿佛能看到那脖颈间长着环状羽毛的鸲在纵情地歌唱，在深深的芦苇间，可以听麻鸠的温言细语。眺望水面，可以看到不知疲倦的海燕和海鸥蜻蜓点水般拂过水面，动作快得仿佛就在那一刹那从你眼前飞过，在你没能作出任何反应前就印入到你的眼帘。它们最大的威胁就是躲在一旁的猎人了，为了应付危险，它们必须保持警惕，一边提防着周围可能出现的危险，一边又在水面上寻找它们想要的食物，当有好奇的鱼儿忍不住要探头来偷偷张望外面新奇的世界时，它们的生命也就意味着会终结，还来不及去后悔就被鸟儿当做食物吞入腹中。

有一种鸟儿，它的羽毛是红色的，长长的双腿和身体非常不协调，行走在这片土地上，像愚笨的穿上嫁衣却不知如何走路的新娘。真不知道它们是如何生活的！这就是传说中的火烈鸟，被看作是世界上最奇怪的一种鸟儿。它们的脖子几乎和腿一样长，看起来非常纤细，弯曲的喙又非常难看，假如你见到它，你就会觉得这一定是上帝在惩罚它，不然怎么会长得如此怪异呢？这种怪异鸟儿的生活方式也非常怪异。它们用那弯曲的喙毫不优雅地在泥土上挖掘贝壳，找到后就将其收集起来，最后再打开吸食壳肉。它们的巢穴也和别的鸟不一样。从外形上看，那些泥土巢的奇怪的结构就仿佛是一座塔，而巢穴就在其最顶部一个类似碗状的结构，火烈鸟的宝宝就在里面。最奇怪的是在它们孵化幼崽时，不像一般鸟类一样蹲坐在鸟蛋上，而是非常不雅地叉开双腿，跨坐在巢上，两条细细的长腿就像面条一样荡在外面，没有一点淑女的风范。可以说，火烈鸟独特的身体结构才让它们把自己的巢穴修造得奇形怪状，这也反衬出它们是非常聪明的，在盖房子时竟能想出如此绝妙的点子，不然那拥有细长双腿的鸟妈妈真不知道该如何让它们的宝贝出壳呀？

被携带到河口并且沉积在入海口出的沉淀物的量是无法准确统计的。每年，恒河携带的淤泥大约有 35600 万吨到孟加拉湾处。而且和它相邻的雅鲁藏布江中的沉积物的量也不会比它少多少。可以说世界上沉积物最多的河流就是中国的长江和黄河。在黄河的河口每 25 天就可以形成一座面积达 1 平方千米的小岛，这都是沉积物所形成的，但是这庞大的淤泥对于河道而言并没有带来什么好处，反而会使黄河河道堵塞，其危险不言而喻。反观长江，它每年带入大海的泥沙大约是恒河的三倍之多。这些泥沙若用船队运输，至少需要 2000 艘运载量在 1400 吨左右货船，而且每天必须向大海中运送一次才能达到目前这种效果。处在雨季中的亚马逊河给人的感觉就是汹涌澎湃，那浑浊的河水进入大海，让大西洋河岸到海中大约 1000 千米的海面全都是浑浊一片。世上没有谁能准确地计算出每年南美洲上被各种各样的河流带走的泥沙的量到底有多少，也没有谁能说出每年沉积在大海里的泥沙的量有多少。波河和阿迪杰河每年都在侵略着亚得里亚海，每年伸展 70 米，让从前位于港口的城市变成了距海岸线愈发远了。亚德里亚在 18 世纪之前就修建了城池，这个因海岸名而得名的古老的殖民地，现在已经距海岸有 40 千米了，它的未来是可以预见的。拉文纳的命运也是一样的，它现在离海岸线的距离也已经有 10 千米了。

还有许许多多的事例都说明因为河流携带的物质在进入大海时被滞留，导致冲击物也在逐渐减少。尤其是那种有强大潮汐涌动的海浪，它们能将沉积物清理干净。但不是让所有沉积物都凭空消失，而是扩大了它的沉积面积，在这些地方，淡水和海水是相互混合的。这样的入海口被称作河口或是江口。拉普拉塔河进入巴西河和乌拉圭的河口在宽度就达 250 千米。而亚马孙河的河口的宽度也达到 50 千米。吉伦河严格地说是被加龙河和多尔多涅河汇合而形成的。这些连通了河流和大海的特别的水道，使巨轮能够来往其间。

按常理来说，河流在进入大海时一般都会形成河口三角洲，而一旦形成河口三角洲就不会有大的潮汐。例如流向地中海的河流。也就是说如果河流在进入大海时会形成潮汐，那么就会形成宽阔的河口。隆河在流向地中海时形成了三角洲即卡马戈岛；加龙河和多尔多涅河在流进大西洋时形成的吉伦河河口都证明这样的结论是准确的。

第二十一章

湖泊和喷泉

在很多时候你可能会无意间发现从井底涌出的水流温度要会比在地表的水的温度高出很多。原因在于这些井都是很深的，那么在深井中的水会更靠近地心，自然就会受到地热的影响，所以水温就会比较高了。

湖

大陆上除了存在那些不停地流动的小溪水外，还有大量静止着的水，这些积水在大部分的情况下都被陆地所围绕，没有起伏不平的地势，自然也不会和大海有什么直接的联系。成片出现的内陆积水被称作湖。也但有一种情况，有的积水是非常浅或是没有明确的岸来限制它，这就被称作沼泽或者是湿地。就湖泊而言也会根据一些界限来分为四种不同的情况。

第一种情形，就是没有外界水流进入也不会向外界流淌的湖泊。这种湖泊的面积通常都很小。像那些坐落在奥弗涅的，已经熄灭的火山坑如果拥有水后，就会形成所说的那种湖泊。大量的雨水逐渐注入那些充满着熔岩的、类似碗状的凹坑之中，连绵的雨天让大量的水进入里面，使岩浆熄灭，气体被蒸发到空气之中，就留下了与火山口相等高度的雨水。

第二种情形，湖泊可以向外流出水却没有流进湖泊的河流来补充。像这种湖泊的水源就是地下的隐蔽山泉，虽然一直向外供水，但也有源源不断的地下水涌入来补充整个湖泊。在水满成为隐患之前，就随着外流的河流向外流走了。一些大的河流都有湖泊为自己供水。圣·劳伦斯河就是把位于加拿大和美国之间的大湖作为自己的供水源头。

第三种情形，是湖泊与外界河流相通，既可以向外流出又能接受外界的水源。用比较形象的说法就是一条河流在其流过的地方中有一段水流横向地被扩大了。我们所熟知的康士坦茨就是被莱茵河贯穿的，还有日内瓦湖是被隆河贯穿的。

第四种情形，是只有外界的流水进入湖泊，但没有向外流出的水流。这样的话你就一定会想："如果湖泊只接受外界的水，却无法向外排出，那么达到一定容量的时候不流出，不就造成湖泊泛滥吗？"其实解决的问题很简单，就是有水不断地从湖泊里蒸发出去，带走了一部分流进的水。想达到这样的结果，其充分必要条件就是要让湖面保持足够的宽广，才能有足够的水分被蒸发出去。然后是有足够高的气温来维持这样一个平衡。像这样的湖泊基本上都是盐碱湖，

死海的浮力很大，可以使一个人轻易地浮在水面上

当它们的面积足够大时，我们就称之为内陆海。里海和死海就是这种类型的湖泊。在欧洲最长的河流是伏尔加河，它是里海最主要的水源。相比于与之相邻的黑海和地中海，死海的海拔要低25米左右。由于地壳弯曲，地面下陷就形成了今天这样庞大的类似碗状的凹陷，这就是里海最主要的存水地。

死海的底部比里海还要低，而且其水面比地中海的要低大约400米左右。据《圣经》记载，上帝所毁灭的罪恶之城所多玛城和蛾摩拉城就沉没在死海南部的海底，也就是在我们所知的“平原之城”这块凹向地心的地壳。从耶路撒冷走近死海，地面会渐渐形成一个较为陡峭的斜坡。走在其中会感到自己仿佛是在进入火山口。这片海水在传说中是被神所诅咒的，因此它的名字听起来是那么悲伤，让人感到难过，而且它的水也不是海水。就我们所知的历史来说死海的本身没有什么悲惨之处，更没有那么神奇的背景和传说。死海的海水之所以会呈现出一种碧蓝色而且在阳光下闪闪发光，原因在于死海海水的含盐量非常高，拂过海面的风无法搅动那沉沉的海水，所以海面总是非常平静，满是鹅卵石的海岸边也不像其他海边一样受海水的拍打，更不会形成因拍打而出现的白色泡沫。这使得这一片盐湖非常死寂、安静。湖水中饱含盐分，土壤也被盐所侵蚀，有的水洼和池塘都满是结晶的盐粒，山丘也因为含有过多的盐分呈现出一种白色。这里的一切都显示着盐的存在。

死海的海岸满是被煅烧过的岩石和火山岩的碎片。不过，认为死海的周围都是不毛之地也是不准确的。有的地方郁郁葱葱的水生植物生长繁殖，长得和成年人差不多高，还有随处可见的丛生的芦苇，那种会结出果实的单株矮灌木在灌木丛中也是遍地可见，当地人把它们结出的像苹果一样的果实称作“罪恶之地苹果”。这大概是因为这些苹果有不同之处——长得很像我们日常中见到的青苹果，但皮却非常坚硬，而且剖开之后，只会看到一些细细的白色粉末，只要轻轻吹一口气，白色粉末随风离去，剩下的只有一撮种子。除了这些充满生机的地方，死海留给人的感觉就是阴郁、荒凉，不愧于死海之名。

奥秘解析

我们已经对世界上一些著名的或独具特色的河流、湖泊等知道了一个大概，下面我们就要再看一看另一件事情了——喷泉和流体静力学的相关原理。

下面我们先从一个游戏开始。首先取一个形状像高脚杯的容器，为了便于说明就先把它记作 A 吧，然后再找一根金属管（就称作 B）将 A 的底端与 B 连接起来，然后再多找几个不同形状和长度的玻璃管（分别记作 D、D′、D′′），这些金属管和玻璃管口径的大小要差不多，因为这样就可以轻松地把它们连接起来。在它们连接的地方再安一个旋塞（记作 R），这样就可以用它来操控两管之间的连接情况。现在先往容器 A 中注入 3/4 的水，当把旋塞打开时，容器中的水就会沿着金属管进入玻璃管，而且玻璃管中水的高度和容器 A 中水的高度一定是一样的。当然通过这个有趣的实验你还可以知道无论你所选择的玻璃管是弯的还是直的形状，只要它们之间是相连通的，最后的结果都是一样的——两者的水位高度都是相同的。因此我们就可以得出这样一个结论；无论我们选择的容器是什么样子，只要它和另一容器相互连接在一起，向其中的一个容器中注入水，另一个容器就会同样地接受水，而且两个容器的液面会不断地升高攀爬，

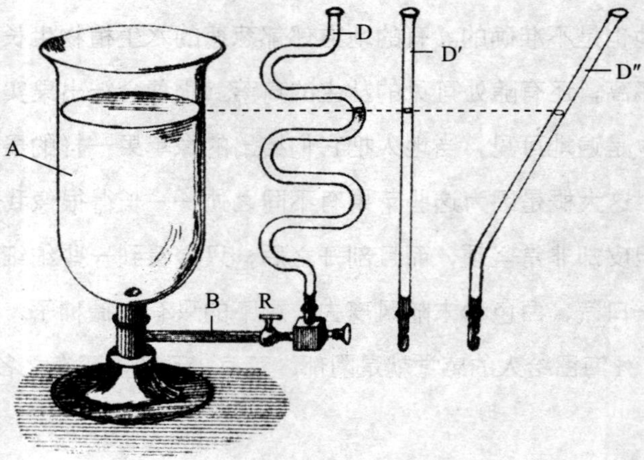

图 17

直到容器中水的液面高度相等为止。那些位于公共场所的喷泉，就是按此种原理设计的。即在地下有一条管道把蓄水池和喷水口连接起来，然后水就在地下水道的两者之间流动。当喷水口的水面没有蓄水池的水面高的时候，水就会从喷水口中汹涌地喷出来；当喷水口的水面比蓄水池的水面时，水就会在下面的地下水道中流动，当两边的水面高度相等时，就停止流动了。

现在我们现在再来做一个假设。如果金属管没有和玻璃管连接起来，但是我们打开金属管上的旋塞，那么会出现什么现象呢？毫无疑问，水自然是会从金属管中喷出，而且我们可以看到喷到空中的水的高度和容器中水面的高度几乎一样。但是无论怎样，喷出的水的高度是绝对不会和容器中水面高度相等的，因为水所受的重力再加上水在上升过程中遇到的阻力导致了这样一个结果。所以，人工喷泉在设计上就是根据自然喷泉的原理设计出来的。现在我们来作一个设想，如果地下的连通管道相接的蓄水池中的水面升高了，再把喷水口改到足够小的状态，喷水口虽然朝上。但不能高过蓄水池水面，在这种情况下，水会因为水的压力的作用而喷射出来，而且喷出的水和蓄水池的水面高度几乎一样高。如果你想要更高的水柱，那么，你就需有一个垂直向上的喷水口，而且和蓄水池水面的高度差也要再加大。

所以，液体因为本身所具有的流动性，使得连接着的容器不管是何种形状或是导管中要保持相同的高度，如果在导管上有一个向外流的出口，那么液体就会从这个出口向外喷涌，在空气阻力的影响下，也可以达到和水源相差无几的高度。

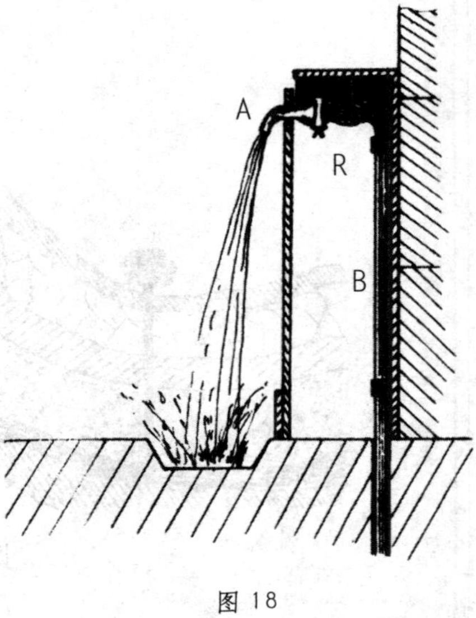

图 18

因为地壳是运动的，所以土壤并不像我们所想的一样是相同的。它们在组成成分和形态上都是不同的，因此水在通过土壤渗透到土壤的最内层时是不轻松的。像黏土这种特别的土壤层，在水的渗透时，就起着很强的阻碍作用，而藏在土壤中的沙子，在吸收水分方面要容易得多。那么我们现在分析一个神奇的现象：先假设土壤是由三层物质组成，最上面一层是黏土，中间的一层是沙层，最底下那层还是黏土。我们都已经知道，地壳是运动的，它总是在慢慢地移动或者挤压或者拉伸，我们感觉不到它的存在的原因是这种运动过于缓慢。因此，地壳会有断层，会弯曲会折叠，然后慢慢沉积下来，所以地层的构造也处在变化当中，不同的地区底层的构造不是完全一样的。有时位于地表的那一层在别的地区就是最底下的那一层。所以我们假设沙层在一个地区是处在最底下层而在另一个地区是处于地表的。这其中的原因是因为这里是一个湖泊或是一条小溪流，也有可能是那有着厚厚积雪的山脉，或许是储存了大量雨水的一个湖盆，也或许是那环绕着厚厚雾气的山腰。不管是什么情形，都会因为在最上层和最下层黏土所具有的不透水性和中间沙层的可透水性，而具有一种保湿性，在这种情形下，地下水就会保存起来，不会流失，而且如果水足够的充分，就能保持水面足够的宽广。

但是如果地层的表面是沙层，那么一旦有那个出口，哪怕是细微的能通向

图 19

外界的出口显现，地下水就会形成喷泉而涌出来，也就是地下水是喷泉的水源。所以说，像深谷的谷底、自然而形成的裂缝或者是其他的什么类似样子的小口，都是喷泉形成所必须具备的条件。但是那些饱含水分的沙层如果不是裸露在地表，也不存在通向外界的通道，那么这些水就会继续保留在沙层之中，慢慢消失，直到有一天流走为止。我们无法确定的是脚下的这片土地下是否真的有地下水源，在最干旱的沙漠地带的地下是不是真的有地下水存在？要想利用地下水，首先要做的事就是把它引到地面上，方法就是找到一个可以让水流出的出水口。只要有一个能穿透两层土壤层的通孔，这些隐藏在地下的地下水就会从通孔中涌出重新回到它们最初呆的地方，像池塘、湖泊、河流等。和上面所实验的结果一样，水流喷出的高度取决于喷口和它的源头的高度，如果通孔处的位置比较高，那么它的喷水量就相对较少：反之，喷出的水就可以达它的源头的水位高度。

与小溪、池塘或者湖泊相邻的地方，会因为受到它们的影响，在地下的某一层由于流水的不断进入，使之达到饱和或者过饱和的状态，如果此时从地表开始向下挖掘，找到地下水会很容易的，我们通常所见到的水井就是根据这样的道理。当水源的水面升高或者降低时，水井中的水面也同时会升高或者降低。但是有的湖泊形成的地下水层会很深很深，这就需要一个非常强力的钻孔工具，如在最下端加上了铁质钻头的铁杆就可以用来打孔，当钻头向下深入，一个直径大约在 0.1 ～ 0.2 米左右的柱形的圆孔就会产生，穿过砂砾层、泥灰层、黏土层，最后直达储水层，这样就形成了一个喷水井。这种深度的井有时可以有几百米之深。在钻孔的过程中自然会遇到许多较麻烦的情况，比如会遇到一大块坚硬的岩石，遇到这样的情况是不能绕过去的，只能使用一种环钻似的冲击钻把岩石层打破。当然仅仅挖出水还不能算完，还要清理完通孔中残留的石块、砂砾、黏土和石灰等，这就需要用另一种比较特别的工具铲斗了。最重要的一步就是要加固好圆柱状的井壁，这是防止喷出的水流使井壁向一边倾塌的办法，该怎样加固呢？很简单，只要在井壁内装上金属管就可以使井壁变得坚固和稳定了。

喷 泉

在很多时候你可能会无意间发现从井底涌出的水流温度要会比在地表的水的温度高出很多。原因在于这些井都是很深的，那么在深井中的水会更靠近地心，自然就会受到地热的影响，所以水温就会比较高了。

还有些地方会出现另外一种很神奇的现象。有时候你会在某个地方发现有喷泉，但有的时候你会发现喷泉不见了。当你以为可能是地下水干涸时，它却又恢复了流水。像这种在流水和干涸之间有规律地相互转换的喷泉被称为间歇泉。位于阿尔卑斯山脚下的卡尔马斯喷泉就是一座典型的间歇泉。它每隔七分钟停止一次，然后又开始涌出水流；而位于尚贝里附近的布伊斯高斯喷泉更是神奇，它间隔喷出的时间是6个小时，也就是说，它只在清晨、正午、日落时分、午夜时喷发。

喷泉的这种神奇的现象的原因在于虹吸。我们所说的虹吸管其实是一种弯曲成U形的管道或者导管。弯曲的导管会有两个弯角，而且弯曲后的导管两边的长度也是不相等的。我们要将导管短的一端淹没在一个盛满清水的水槽中，然后用嘴含住较长的那一端，就可以将水从水槽中吸到虹吸管中，当虹吸管中充满了水后嘴再离开导管，就会发现，水会从你吸水的那端一直流出，一直到淹没在水槽中的一端离开水面时才会停止流动。解释这个原因很简单：在水槽中的水面上是有大气压的，这样的结果是压力造成的。

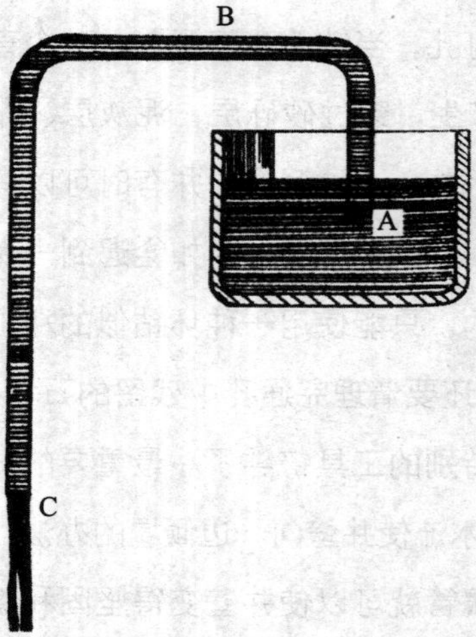

图 20

物理学告诉我们大气的压力是通过各个方向施加在所有的物体上的，这种压力可以使水管中的水柱保持在10米的高度。想要理解得更深刻，可以通过下面的实验来进行观察：我们假设有一根 1 米长的虹吸管的短管，而长管的长度是 3 米。水槽水面上的大气压所产生的压力可以支撑 10 米高的水柱，但是现在虹吸管的短管就只有 1 米高，那么就有一部分压力被保留下来，但是存留下来的压力会起什么作用呢？我们要知道，在虹吸管另一端的地方也存在大气压，其大小也是可以支撑 10 米高的水柱的，而虹吸管的长管的实际高度就只有 3 米，所以就有能够支撑剩余 7 米高水柱的大气压被留了下来。现在我们可以知道，在短管的一边有 9 米的过剩大气压，而在长管的一端有 7 米的过剩大气压，那么管内的大气压就存在不平衡，所以，在这种情况下，虹吸管中的水柱就不会保持静止不动，因为长管这一端的气压比短管小，所以水就要从长管的这一端流出，但是只要短管的一端继续和水面接触，水就会一直向外流出。也就是说，因为虹吸管两端的大气压是不相等的，所以只要虹吸管中有水柱，它就会从长的那一端自发流出。

现在我们再来想象另一种情形，一座山下有一个天然的湖泊，湖泊中水都储存在这里，在湖泊的一边有一条类似于虹吸管的裂缝把湖泊与外界连接在一起图 21。那么等到某一段时间湖里的水都会经裂缝向外流出，可是假设湖泊中没有足够的水进行补给。此时，湖泊中的存水量没有达到能从边缘溢出的程度，所以湖泊没有向外界送出水，只能被动地接受，但是一旦积蓄的水足够了，水面达到虹吸管裂缝的最高点，那么裂缝中的水就会充满，即从短的一端一直将水注入长的那端，然后在大气压的作用下从湖泊中流出。自然从虹吸管中流出的水量的速度要比湖泊中集聚山上渗入的水量的速度快了，等到湖泊中的水面高度下落到和虹吸管裂缝的短管的边缘脱离接触时，水就不会再流出。但是湖泊的积水还在继续增加，等到水面的高度达到要求时，水又开始流动了，于是，泉水再次出现在人们的视线中。液面下降泉水就会停止，液面上升泉水就开始流出，这种情景反反复复地出现、消失，如此往复从不停歇。这也就是间歇泉。大自然虽然总是如此神奇，但是这神奇的现象都是可以解释的。

当水通过石灰质土壤层时，就会有一些石灰溶解在水中。如果水流只是匆匆地流过，那些石灰溶解所产生的碳酸盐也会随着水流一起流出去，遇到土壤就会包裹着土壤颗粒，形成一种内部有着小导管而外部有着坚固的难除去的外衣的结块，但是当水流停滞的时间长一点时，那种物质就会在此沉淀下来。有些时候泉水流经的通路会遇到一些物质阻碍，这种物质就是水流中的石灰质所形成的石灰硬壳。在喷泉内有非常多的石化的石灰质，因此就会有泉水从那些石化的外壳中喷出。位于克莱蒙——费朗的圣·艾雅喷泉就是我们所说的这种喷泉的典型代表。在它的表面覆盖着一层层非常美丽的岩石层，有鸟巢形状，有水果篮子、还有是一些其他物质，泉水从岩石层中喷洒而出，溅起的层层水雾。拥有奇异岩石外壳的喷泉就好比是出自名家之手的美丽的工艺品，让人觉得大自然的鬼斧神工真是神奇无比。

这种喷泉的水质都有丰富的矿物性。其中气态泉、铁泉、硫磺泉最重要。气态泉中是含有丰富的碳酸气体，含在嘴里会有微微的酸味，就像是苹果酒或者是其他的白葡萄酒。在普鲁士省黑塞——哈斯绍尔的尼德尔瑟尔特斯喷泉和法国境内的阿列湖的薇姿喷泉就属于这种气态泉。铁泉指泉水中含有溶解的铁质，尝起来有淡淡的墨水般的味道。假设向其中放置几片五倍子，会很快呈现出黑色。塞纳地区的福尔日莱索喷泉和巴黎附近的帕西喷泉和比利时的斯帕喷

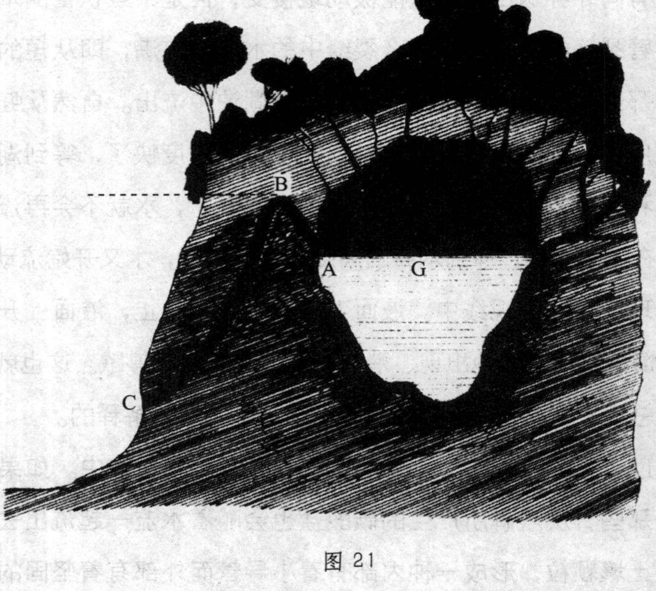

图 21

泉都是铁泉。而硫磺泉是拥有独特属性的，它的出名是因为泉水中富含硫磺的化合物，闻起来有一种有臭鸡蛋气味，而且含有这种物质的泉水能让白银变黑。比利牛斯山脉的巴瑞日莱斯贝恩斯喷泉、伯奈尼狄比戈温泉和巴涅尔—德—吕松喷泉都属于硫磺泉。

温泉是指水温温热的泉水，因为地区的不同，所以温泉的水温也不相同，有的地方的水温达到 100 摄氏度。温泉泉水的热度来自地热，而且大多数的温泉中矿物质含量多。法国拥有许多著名的温泉，卡德斯—艾格（孔塔）水温在 88 摄氏度左右；达次（朗德省）水温大概 60 摄氏度；波旁（上马恩省）水温有 50 摄氏度；蒙多尔（多姆山省）水温也有 44 摄氏度左右；薇姿（阿列湖）水温大概是 40 摄氏度；巴瑞日莱斯贝恩斯（南部—比利牛斯）水温也在 40 摄氏度。

第二十二章

海 洋

大海占据了地球上大多数的面积，据测量，大海的面积是陆地面积的3倍。海洋底部也不是平坦的，和陆地一样，也有深深的峡谷，而且比陆地的峡谷还要深很多倍。

大 海

对于大海，首先想到的就是拍打着岸边的浪花，以及各种各样散落在海滩上的美丽的贝壳，海潮总是海中把那白色的，珍珠似的贝壳胡乱地堆积在岸边或者海藻之中。蔚蓝色的大海，无边无际，像一面光滑的镜子。晴空万里的大海是令人向往的，但是阴云密布的海洋又是让人感到害怕的，狂风卷起的海浪摔到海岸或者崖壁上，溅起大量的泡沫。没有见过大海的人，是想象不出大海是什么模样的。那么我带你去了解我认识中的大海吧。

大海占据了地球上大多数的面积，据测量，大海的面积是陆地面积的3倍。海洋底部也不是平坦的，和陆地一样，也有深深的峡谷，而且比陆地的峡谷还要深很多倍。海底也有连绵的山脉，高出海面的峰顶就是我们通常认识的海上小岛。海底也少不了有平原和高原。海底的海水在自由地流动，来自地心的运动把海底劈开，形成了峡谷和山脉，最后形成了海床。地球的内部充满着涌动的岩浆，而岩浆的运动使得海底出现曲折与褶皱，这种运动使得原本就不规则的海底变得如同陆地一样的起伏。大陆是什么？目前还没有准确的定义，因为大陆处在不断运动当中，以前的海底很有可能就是现在的大陆。大陆和海洋的底部都是不平坦的，都拥有各种地形地貌，所以我们可以猜测，在过去的许多世纪里，地壳在不断地运动，海底慢慢地被推出，而以前的大陆就逐渐沉入海中，形成现在的海底。所以也就很好解释为什么在不同地方的海底地貌会完全不同，而且还出现了海底高山、峡谷、盆地和高原等。

现在假设用通探术来测量海底到底有多深。先向大海里放入一条底端系有小铅块的长长的绳索，小铅块在重力的作用下朝海底垂直下落，我们就可以根据进入水中的绳索的长度来确定测量地点的海的深度。地中海的深度用这样的方法进行测量，得出的海洋深度是在4000-5000米。地中海最深的地方位于非洲和希腊之间。通过对大西洋的探测，纽芬兰大浅滩南方是最深的地方，水深达8000米。南极的周围是被冰川环绕的，测出那里的海洋深度达到14000-15000米。除了深海之外，还有存在于海沟和海岸间的中等深度的海洋。因为海底地貌的不同，它们的深度有时会出现缓慢的梯度增减，有时也会出现剧烈的变化。而那种突然间加深的海岸，说明海岸崖壁的底端是深埋在大海之中的。有的海岸会呈现出一种逐渐向大海内延伸的状态，这表明在到达深海之前的那一端距离肯定十分平缓。在这种情况下，海底就是一片平原笔直地向前延伸。

大海的平均深度是6000-7000米，如果我们拿洗脸盆的光滑底部比作海底，同时海面保持如现在般的水平状态，那么大海就好像是深达6000-7000米厚的地层。通过这种假设，我们就可以估算出大海的总容量应该是3×1020立方米。也许你对这个数字并没有什么概念，那我们就换一种方法来表达，我们现在假设把全部的海水都注入陆地上所有的河流之中。我们再假设这条河流就是法国的最长的河流——隆河。隆河在流经里昂时的水速通常不超过每秒钟600立方米，但有时流淌的速度也会达到每秒钟4000立方米甚至更快。现在这条注入全部海水的河流是陆地上的万河之王，假设让它以每秒钟5000立方米的速度将水再注入大海，水的速度只增加不减少，那么，在这种情况下也需要 20 年才能向大海中注入它千分之一的水量。现在你可以想象大海是多么广阔了，当然你必须见过隆河，否则你还是想象不出。但不管你如何想象，大海终究是无法让任何人掌握的，它随时随地都在改变着，让世人不得不赞叹它的伟大。

也许你会产生这样的疑惑，海平面也会发生变化吗？它是不是也会出现上升或下降的现象呢？按照我们刚刚的假设，海洋总是在不断地侵占陆地，到后来海底就渐渐地变成了陆地。但是事实真的就是这样吗？海洋难道是任意收缩或是膨胀的吗？答案自然是否定的。

解释这个现象，需要一门和流体静力学有关的基础学科，也就是通常所说的物理学中的一个分支，这门学科主要是研究流体在外力的作用下处于平衡的规律。利用该学说可以证明海水的水平面是保持恒定的。不管是多大的流体，在它水平表面上的任意一点的液面都不可能存在一直下降的现象。因为流体具有的特性就是流动性，所以一旦流体的平衡被打破，流体就会用流动来恢复到原来的平衡状态。流体只会当在容量上发生改变时，流体的水平线才会出现上升或者下降。要注意的是，流体的改变不会局限在一点，也不会受到相关位置的约束，而一旦流体的水平线发生改变，那么整个水面也会跟着改变，流体的容量将成比例地增加或减少。那么，会出现流体的容量没有改变但是水平线却变化了？不会。

据调查研究表明，从公元前起，我们所知道的海面并没有发生过什么明显的变化。大海中的暗礁、岩石始终存在着，同地理档案馆中记载的没有什么变化。通过对海平面高度的研究我们可以知道，在最近的 40 个世纪里海洋的总容量没有什么改变。也就是说时间和事实证明，至今为止大海里的水既没有增加也没有减少。

假设大陆和海洋都没有发生任何变迁，所有的一切都会同以前的记载一样。可是事实并非如此，大陆和海洋在几个世纪里都有巨大的变化，大海和大陆的分界线的海岸线总在不停地变化着。海水在某个地方退去，露出的海岸线就会被新的海岸线代替，新的海岸线又会被新的植物所覆盖。相同，在另一个地方土地、建筑、森林和农田也会被大海淹没，变成海底。

现象反映本质，但有时现象会是假象。所以眼见不一定为实，就像我们所看见的大陆是静止的，但事实并非如此。我们的感觉让我们以为宇宙应该静止不动的，可是事实却是相反的。所以那波涛汹涌的海洋虽然给人一种处在变化中的印象，再加上海里的陆地有时出现有时沉没，让我们以为海洋变化很大，其实，海平面还是保持以前的状态。而我们主观认为大陆应该是最稳定的，其实也是充满变化的，而且水的流动对大陆也会产生很大的影响，因为有许多物质被水流带走。前文中我们已经说明海水的水平线不会发生什么变化，变的只是海底的结构，就像在瑞典发现海岸线逐渐上升，但是又在智利看到土地出现增大的趋势。

现在，我们大致地来总结一下，那满是岩石的海岸是如何变化的，而那永远在奔腾着翻滚着的大海的海平线又是如何保持不变的。细细想来觉得也应该如此，自从大海和大陆被分开以来，海浪虽然在不停息地运动着，但是它从来没有背弃过它的水平线，反而是我们眼中应该固定的大陆却在不停地上演着一出又一出的闹剧，不管是上升或是下降，可能是在这里隐没，又在另一个地方就以另一种姿态出现。

大海中的物质

可以说世界上的淡水并不多，有人认为我们有这么多海水还会缺水吗？原因很简单，因为海水不是淡水。海水含有大量的其他物质，尝起来味道让人难以下咽，所以大海中的水不能当淡水使用。食盐是大海中含量最多的物质，虽然它能防止植物或者动物的尸体腐烂，每天通过地下水道注入到大海的各种污物也都能被清洁，因此，食盐对大陆来说是非常重要的物质。其实海水中含盐量不是固定不变的，通常海水中的盐分会混入河流所带来的清水之中，而且能让水分快速蒸发。据测算，每 1 升的里海海水有 6 克盐，每 1 升黑海海水中有 18 克盐，大西洋中达到每 1 升含 32 克盐，地中海的盐含量有 44 克左右，死海含盐最多，一升的海水中竟然有至少400克盐，这也是死海被特别注意的原因所在。海水中含有的盐对过往船只来说是有好处的，因为海水中含盐量高，海水的比重会增加，这样海水就能负载很大的重量。所以死海的海面可以承载一个人的重量而使人不会下沉。

我们想一下，海水本来就是非常之多的，而海水中的含盐量也非常多，那么海洋中到底能有多少盐呢？如果将海水中的盐全部提取出来，那么那些盐足以堆积出一座基地面积与北美洲相同，高度达1500米的盐山。或者把大海里所有的盐都平铺在地球表面，那么也会有一个厚度在10米左右的盐层。

海中色彩

大海为什么是蓝色的呢？但一碗海水却并没有颜色呢？这是因为大量的海水聚在一起就会让它原本的颜色显现出来。在一般情况下海水是微微泛绿的蓝色，而且离海洋的中心海水越近，它的颜色就越是深沉。在晴空万里的天气之下，海水对阳光的折射加之对天空的映射，海水就闪现出天蓝色或者是靛蓝色；当风暴要来临之时，阴云密布海水也会呈深绿色甚至呈黑色。有时因为局部的原因，这古老而又神秘的大海还会呈现出多样的色彩。像海底的颜色丰富的沙子、微生物或者漂浮在海水中的微小的海藻群都能让海面的颜色出现丰富的变化。例如，红海的海水中有数以千计的微小的海藻团，它们能散发出一种呈现淡淡紫色的纤维细丝，让海水呈现出血红色；位于加利福尼亚的海域也是因为海水中的红色微生物使得海水呈现出朱红色。

大家都听说过萤火虫吧，就是在夏天的晚上提个小灯笼在空中飞来飞去的小虫子，有时它们集体落到草丛中让你误以为是天上的星星落下来了。萤火虫的光并不是靠燃烧得来的，当然也不会发出热量，而且萤火虫还可以自己决定要不要发光。这种动物自身可以发光的现象叫磷光现象。那么海水是不是可以被微生物染成别的颜色，或者因为其他的原因而发光呢？你一定觉得海水中含磷就可以发光了，其实不是这样的。磷光现象并不是因为有磷就能发光；而是因为它发出的隐隐约约的光很像磷在黑暗中闪现的光。你难道以为萤火虫自身带着磷让它发光吗？其实只是萤火虫自身可以发光而已。当然在热带地区的海洋中存在着某些会发出磷光的微生物。在含有丰富微生物的海洋里最让人着迷的是莫夜光虫（也就是拉丁语中夜晚发光的动物）和火体虫。夜光虫的外表非常奇特，它极其微小的像果冻一样的身体一般是不会引起人的注意的，它的身体是透明的，只在尾部有一些游离的细丝状物质，如果把 5 只夜光虫首尾相接地连在一起也仅仅只有一毫米，可以说如果不是那独特的发光本领它可能永远都不会引起人的注意。火体虫要比夜光虫大很多，大约有成年人的手指那么长，它的体型像一个中空的圆柱体，它的身体也同透明的果冻一样。海洋永远都是神秘莫测的，我们无法知道海洋会发生什么。现在就让我们以游客的身份去领略大海的魅力吧！

在某处大海上，海面发出阵阵光亮，海上前行的船只正劈开波浪向前，原本平静的海面被打破，海浪向外晕染，破浪的地方喷射出红蓝相间的光芒，就如同将正在燃烧的硫磺突然地划开一道裂缝。无数闪着光芒的小星星冲出水面，那星光是那么闪亮、那么耀眼，连那最美丽的烟花都不如它美丽。闪闪发光的彩色锦带在波浪中漂浮，在那大海的深处是成群结队的火体虫的家园，它们有时围成花环的形状，发出的灿烂的光使它们看起来像是一块正在白热化燃烧的熔铁。而且它们的颜色还经常发生变化，耀眼的白和夺目的红，或则是那灿烂的金色，还有橘色、绿色、天蓝色等不一而足，在变化了一段时间后还会突然发出更亮的光。在发光的过程中，那些花环会四处地移动，如同蛇一样地游走，一会折叠，一会打开，还会像蛇一样把自己卷起来，就像一个火球深陷在波浪里。有时当你在远处眺望这片海时，会觉得整片海洋就仿佛是一块散发着乳白色光芒的平原，那柔和的光芒就如同要把一切都融化似的。

世界很大，海洋也很大，一直可以延续到比法国的北海岸还要远的地方，可是这样一个发着美丽光芒的海洋却只能在热带地区的温暖海洋里才会出现。下面我们来看一下古利伐先生曾经在布伦渔港看到的什么吧。

平静的海面好像一面光滑的镜子，黑暗中的海如同是块美好的墨玉，但是美玉还是有些瑕疵的。那海面上微微显现的波纹中心有着淡淡光芒的小点，如同是一粒会发光的沙子，在黑暗的海面上非常明显，那一圈圈向外扩散的水波在那一点亮光的影响下，变得那么与众不同，那带着光芒的微波在黑夜中也非常夺目。拳头大小的石块投入水中也能产生如此效果，而且石块溅起的水雾像是击打被煅烧的铁块散发着的红热的火星闪闪发光。当进港的船只划动水桨，桨拍打着水面，打破了原本静止的水面时，那在水里自由移动的发光的水生物也开始随波逐流，原本平静的发着光的水面好像活了一样，动了起来，在黑暗中越来越多的人为这一幅美丽的景象吸引而驻足观看。但是当水面又恢复平静时，所有的一切又在黑暗中沉寂下来，留下的只有拍打着岸边的海浪和一条条闪闪发光的水纹。

翻卷的巨浪，就好比是一块融化的银，其中还有着点点的白光。在浪的最前端发着蓝色光芒，海浪打到岸上，整个大海就和海岸仿佛连在了一起，在黑暗之中，那白色的、闪闪发光的波光有的发出白光，有的发绿光，有的发蓝光，非常好看。当海浪退却后，海滩又和以前一样漆黑，但是只要有一点点的干扰，那些闪光点又会出现了，哪怕只是轻微的脚步声也能达到这种效果。在这种情

法国布伦渔港

况下，你甚至认为自己是在燃烧着的炽热的煤中行走，你用一根木棍划过，一道白光会闪过，就好像是木条被燃烧的木炭一起点燃了。假如你心情好，可以把手放进海水里，让海水轻轻地吻着你的手，那若有似无的海水摩擦仿佛让你的手上产生了磷光，你的手也变成了一个发光体。你会惊奇地发现如果把海水从高空中倾泻，那么落下的不是水而是水银，若是将海水洒向动物，它们都会奔跑着躲避，因为那被泼出去的海水就如同火焰一般，让它们感到由衷的害怕。

从当事人的描述中，我们可以知道这是夜光虫引起了海水的发光。前面说过夜光虫是很小的，一滴海水中含有成百上千只夜光虫，那么可以想象，该有多少夜光虫才能让如此宽广的海面上发光呢？这是一个我们难以计算出的数据，因为这数目太大了。那泛着银色光芒的波浪依然流动着，但这一个又一个神奇的事件却让我们不得不开始沉思，到底是何种力量才能让如此大量的微生物能在大海中繁衍生息呢？

第二十三章

珊瑚岛

史前海洋和现在这些微不足道的生物，是名副其实的石灰石制造厂。这些看起来渺小却构成了巨大石灰石的微小生物，是用自己的尸体为石灰石的形成做出了巨大的贡献，经过日积月累的沉积，地球才有了坚固的框架。

海底岩石

到现在为止，在海底中形成的所有的岩石中，石灰石是最值得注意的，也就是碳酸钙。花岗岩是地下岩浆形成的，石灰石是海水的产物。现在，不管是在山峰之巅，还是处于地球内部，都会发现许多的化石，这些化石都是在岩石的形成过程中，由那些曾在海里居住的古生物死后的尸体经过不断地积累逐渐石化，在上万年的沉积后，嵌在石灰石中变成了化石。许多大理石的形成与这些从前的生物化石的关系非常密切，就连我们的建材也不例外，即使在你居住的地方，或许某个角落就躺着贝壳鱼类或者是破损的珊瑚的尸骨，所以，几乎每一块石灰石都含有古生物的遗体。

大型动物在史前世界的地下墓穴中并没有多大的比例，多的反倒是微小生物的尸骸。在埃及金字塔的建造取材时，大量石灰石中含有看起来有点像小扁豆的带壳的微小生物——货币虫[1]。在巴黎进行建造时，所有的石灰石全部都包含有大团微小粒状的贝壳，这种贝壳的直径还不到一毫米，这种看似微不足道的弱小生物却能达到如此巨大的成果真是让人感到吃惊。但是，细想一下，要想达到如此的成果，那些组成石灰石的微不足道的贝类，又是经历了多么漫长的时代呢?

史前海洋和现在这些微不足道的生物，是名副其实的石灰石制造厂。这些看起来渺小却构成了巨大石灰石的微小生物，是用自己的尸体为石灰石的形成做出了巨大的贡献，经过日积月累的沉积，地球才有了坚固的框架，安第斯山或喜马拉雅山的根基就是由它们微小的身体层层叠起的。这些渺小的不知停歇的卑贱的建造者，还承担着大气清洁工的责任，把降雨中带来的二氧化碳凝成固体——在石灰石溶于海水中后，它们会同时把二氧化碳也合并其中；在石灰质表面沉积着非常丰富的石灰石外壳，就形成了现在我们脚下踩着的地层。想要知道这些微小的建筑者怎样从它们表皮的小孔向外渗出石灰石并最终成就今天陆地，就不得不从现代的海洋状况说起。

我们所呼吸着的大气含有二氧化碳，数量不多，仅占大气的0.05%左右，就是2000升的大气中只有1升是二氧化碳，如果不用特别的方式去有意增加大气中的二氧化碳，大气的组成比例是永远不变的，如空气的燃烧、动物的呼吸作用、有机物腐烂以及能够分解出气体的液体的分解、火山的爆发都不起什么作用。要知道仅仅是我们人类呼吸所释放的二氧化碳量，其数量就大得惊人。

分解作用对大气中二氧化碳含量的可能增多也起着非常大的作用——通过有机物腐败后逐渐燃烧而释放二氧化碳。另外，燃烧木头、煤炭、石油和其他燃料所释放的二氧化碳也必须提到，尤其是在能源工业的时代，能源供能就必然产生出二氧化碳。每年仅欧洲二氧化碳排放量就达到了惊人的800亿立方米，其中还不包括许多带有气体的喷泉在喷涌过程中释放的二氧化碳，还有火山喷发也能带来数量巨大的二氧化碳气体，就是前面所讲述的偶然性火山喷发所造

①体型大而呈现硬币状、化石有孔的虫，从始新世到新生代的中新世在石灰岩地层中广泛分布。

成的严重后果。但是，即便如此，我们也没有发现大气成分比例在巨量的二氧化碳的产生下有所改变，原因是什么呢？因为海洋在呼吸着这种气体，但它为什么没有感觉不适呢？

首先，植物生长的光合作用需要二氧化碳，空气中大部分的二氧化碳都被植物吸收进行光合作用了，同时，它的体内在合成可供其生长发育的有机物的同时，也释放出供生物呼吸的氧气。含有碳的有机物被储存在植物体内，成为其成长的养分，氧气被释放入大气。如此看来，如果把植物看作一个整体，它们的生命力没有出现丝毫的下降，那么，又会发生什么呢？大量的碳的化合物在植物体内到处游走，这好像是能够永远支持植物生长发育的动力源泉。但实际上，植物的生理活动都在为自然界的腐败分解过程和动物的呼吸作用提供着原料，整个植物界通过光合作用吸收二氧化碳，放出动物生存所需的氧气。因此，如果动物的呼吸和机体的分解不停止，那么在动物界和植物界中，就有这样一种平衡，植物为动物呼吸制造气体，动物呼吸为植物的光合作用提供二氧化碳，世界万物就这样处于一个不断的循环之中，利用的和丢弃的是一种动态平衡。有机物的腐败为机体的循环再生提供了必需的物质，使得生死处于一种不变的平衡状态，可以说，每一步都为下一步提供可生存的基础。

其次，在讨论完植物并肯定过它对大气成分保持不变有重大贡献后，对于由频繁的火山喷发和气态喷泉所释放的二氧化碳所积累起来的数量我们必须引起重视，假设这些数量巨大的气体都存在大气中，那么整个世界对所有呼吸的生物就是一个噩梦。因为这就不得不需要有另外的媒介来保护大气的纯净和阻止来自地下的使生物难以呼吸的气体出现堆积。而这个媒介，就是海洋中的微小生物，它们能吸收二氧化碳并将把这些气体转化为固体形式，变成了石头，把过量的气体从大气中吸收走并使它们一时无法回到空气中。形形色色的海洋微生物使得进入海洋的雨水或河流中的二氧化碳都裹在石头质地的外壳里，这些气体被禁锢在这种外壳中，就是我们现在大陆的雏形。

地球大陆的建造者和珊瑚的构建者——软体动物

这些生物虽然渺小，却在一边竭尽全力地构建我们新的大陆，一边还净化着我们的大气，这其中贡献最大的生物是甲壳类水生物和珊瑚虫。千万不要小看这些软体动物，觉得软体动物还不是鱼族的成员。虽然大多数的软体动物都生活在水中。说到它的名字需要补充的一点是，软体动物的独特特征，是体表附有甲壳，这层壳是它们向外界分泌的物质所形成的，它们向外分泌石灰质是通过皮肤的毛孔来实现的。

如果还不明白软体动物的贝壳到底是怎样形成的，可以来看一下蜗牛的“房子”就会明白了。虽然蜗牛居住在陆地上而不是水中，但它依然是软体动物。我们知道的蜗牛的外壳不是天生就有的，更不是从外界找到然后搬进去的。实际上，它们背上的房子是它们自己慢慢建造的。让人惊讶的还有它们建造的房屋的原料不像通常的建造者那样，是依靠外界提供，然后遵循一定的规则把它们机械地堆在一起，这些原料是蜗牛自己制造原料，然后自己建造“房子”，也就是说蜗牛不仅是房屋的设计者和建造者，还是房屋原材料的生产者。它们是用自己的身体来建造自己住的屋子，房屋的一砖一瓦都是它们身体血液的痕迹。蜗牛和其他软体动物一样有心脏、动脉、静脉，血液在体内循环。但是它们的血液却不是红色的而是无色的。但不管怎样，蜗牛的房屋已经是长在它们身体中不可分割的一部分了。

你一定很好奇蜗牛是怎样为了扩大它的贝壳以容纳日渐成长的身体而准备原材料的吧？很简单，当你碰触蜗牛让它缩回壳后，就会看到蜗牛的壳是张开着的，在其膨胀的肉体上有大量的白点点，这些白点点就是蜗牛为建筑贝壳而储存的石灰质。一旦需要时，这种物质就会分泌出来，然后附在贝壳的边缘，随着一层一层新物质的积累，贝壳也在渐渐变大。

那么这些石灰质是怎么来的呢？它就来自软体动物的食物中——含有碳化合物粒子的石灰，就好像母鸡在吃下喂食的谷物的同时也喂石灰石颗粒，这样母鸡下的蛋才会有蛋壳，如果喂养母鸡谷物是经过精挑细选，并且将它们饲养在一尘不染的鸡舍中，那么母鸡下的蛋就没有壳而只有一层薄薄的膜。同样，如果把蜗牛的食物中的石灰质去掉，那蜗牛背着的重重的壳就会变成一层透明黏液了。

海洋里的软体动物也像蜗牛一样是用自身分泌的物质来为自己建造家的。这就需要海洋来为它们提供石灰石，至少要为它们提供含有碳酸和石灰成分的物质。火山爆发释放二氧化碳到大气中，然后又随着雨水落到地面，再随着河流流入大海中。事实上，小溪本身在流动过程中也会有一点溶解的碳酸盐成分。海洋即使没有游离态的石灰也会有包含有石灰成分的物质，总之海洋中的软体动物不会缺少石灰质。海洋中的物质，例如地中海的盐残留物含量为 44 克 / 升，这其中就包含有 6 克氯化钙、1.5 克硫酸钙和 0.114 克碳酸钙。我们还发现，在纯净的水中也有溶解的石灰石，如果含量较大可以使被水喷射到的物体外面覆盖一层硬壳。所以，所有的溪流都为大海石灰石含量的增多做着贡献，尽管不知道各种含钙的盐所占的比例，但是海洋是含有石灰成分的。软体动物和珊瑚虫就是用这些石灰盐为自己进行包装，形成自己的外壳和珊瑚。

神奇的岛屿建造者——珊瑚虫

现在，我们再来看一下岛屿建造者中最奇特的珊瑚虫。你也许只知道珊瑚而不知道珊瑚虫。珊瑚虫的身体构造非常脆弱，哪怕轻微的碰触对它们都是一种致命的伤害，可是为了建造它们的岛屿王国，它们却群居到一起并付出了生命。下面让我来为你们描述一下这个小生物的活动。

珊瑚大家都知道，即使不知道，也明白那些像血珠一样的珊瑚珠串起来的项链和手链。如图 22 所示，当这些珊瑚还不是珊瑚珠的时候，它们的形状就如同一株小树，有树干、枝条和树梢。它们在海底长得枝繁叶茂，但它们并不属于植物界；即使它们有坚硬的外壳，也称不上是矿石；同理，它也不是动物。那么，我们该如何定义它呢？它是脆弱生命聚居的居所，也是那些相互依赖生

图 22

存的生物所建造的共同的家园；或者可以把它看作是人类在最初的进化阶段下所形成的共产主义社会。

这些微小生物机体构造非常简单，如图 23 所示，身体好像果冻般柔软，几乎都是圆筒或圆盘状的，呈现辐射对称状，有 8 个触角，像盛开的花朵，触角的正中间有口，同囊状的身体相连。它们的触角也叫触手，是用来拨动海水的。当捕来的海水通过中间的口吸进去时，连着口的充满液体的气囊就要承担起胃的职责，海水中的食物和钙质都会被它吸收消化。消化后，又从口中吐出来，珊瑚虫的肛门和嘴是长在一个位置的，它的全身上下只有一个口。

珊瑚虫就是如此奇特的生物，它们居住的珊瑚虫群或者说是石珊瑚就更奇特的了。每一小座珊瑚礁基都居住着数以千计的珊瑚虫，每个珊瑚虫在珊瑚礁壁上的小坑里都有各自独立的位置，附在同一个珊瑚礁上。珊瑚虫们彼此独立但又互相离不开对方。在每个珊瑚虫的柱形身体中，消化腔都和周围的珊瑚虫连接在一起，这些连接起来的消化腔组成了一个完整的系统，通过这个系统，珊瑚虫们可以互相传递营养。珊瑚虫的群体所附的珊瑚礁基如同灌木丛一样向四周延伸，在顶端还开放着一朵小花，珊瑚虫从流经身体的海水中摄取营养物质。

图 23

但是每个珊瑚虫的运气好坏不同，有的一只珊瑚虫可以获得食物，而另一只珊瑚虫的八只触角却可能什么也得不到。但是没有关系，珊瑚虫们之间对食物是共享的，捕捉到食物的珊瑚虫通过彼此消化腔形成的系统将食物输送给那些没有捕捉到食物的珊瑚虫。

你也许会问，它们的消化腔是如何连到一起的呢？每个珊瑚礁基在开始时都是由一个珊瑚虫形成的。在最初，珊瑚虫在海里四处飘荡，寻找自己的依附，一旦找到就开始了生物群的演化。它们就是一群非常特别的群体，像某些植物一样具有强大的繁殖能力，分裂出来的新生珊瑚虫你推我挤，不断壮大原有珊瑚体的枝茎，消化腔所形成的管道系统又让它们与自己父母相连，从中汲取自己成长所需的营养。就这样珊瑚虫在不断的衍生中扩大着自己的队伍，不多久就子子孙孙越来越多，逐渐新生出的珊瑚虫和父母之间也在使管道系统增大。一座珊瑚礁的壮大是其上居住的珊瑚虫们共同分泌所形成的，它们孜孜不倦地分泌着石灰石，如同蜗牛筑壳一样建造自己的家园。珊瑚礁在珊瑚群体数量不断增长的过程的同时也不断壮大，每个新生珊瑚虫为了使自己家园版图的扩大而做着不懈的努力。

通过上述说明已经知道珊瑚礁基是怎样建造并居住着珊瑚虫的。但是上面也说所有的珊瑚虫都是从母体上分裂而得的，那么又如何理解新的珊瑚群是怎么从最初的一个分离出来的呢？通过裂殖，珊瑚礁基开始不断增长，但是新的珊瑚礁基的出现确实是通过另外的一种方式。这个过程也充满着曲折，自然界是公平的，植物和动物都具有裂生繁殖的本领，珊瑚虫在必要的时候也要通过这种方式来繁衍。在它生长到一定阶段就会停止裂生并开始产卵，这些卵被海水带到另外的地方，然后在那里扎根生长形成新的珊瑚虫群体。

形形色色的珊瑚虫组成了形态各异的珊瑚海，如图 24 所示，一般的珊瑚只呈现碳酸盐石灰石自身的白色，只有少数的呈现珊瑚虫本身的红色。色彩斑斓的珊瑚海给人带来了极大的视觉上的享受。它们形态各异，有的像姿态逼真的灌木丛；有的管型的珊瑚平整地排列，像摆放整齐的导管。有的珊瑚虫排列紧密，让人一看就想到蜂窝；有的凝结得不紧密，还有气泡在中间，仿佛定格的肥皂泡泡。还有的像花椰菜或者蘑菇的珊瑚礁，表面虽然看起来粗糙但有规则地分布着鳞苞；有的好像星星一样点点分布，有的则像比较规则的网，还有的表面看着是沟壑密集。此外，平坦的如一张薄纸的珊瑚礁也不稀罕，更惊艳的是有的好像是被刻意地裁了花边似的。这些形态各异的珊瑚，五彩缤纷、美丽得如同镶嵌的玫瑰花，这些都是组成珊瑚礁的珊瑚虫伸开的触角，只要稍微地触碰它们就会敏感地缩回触角。

我们所见到的美丽的珊瑚礁，它有一个漫长的增长过程，渺小的珊瑚虫对于庞大的珊瑚礁的形成的贡献在于它的石灰质外壳。从艾伦波观察生长在红海中的珊瑚体的发现来看，它们直径都有 2 ~ 3 米，同属一个家族。在远古形成，从珊瑚最基层的测定推定它们形成的年代是金字塔时代，而在珊瑚中居住的远古生物就从那时起一直活跃到现在。我们很难弄清是什么力量让这些微小脆弱的建造者筑出连人类都无法完成的伟大工程。时间、建造者的数量以及分泌的原材料都是缺一不可的。在温暖的热带海域，只要发现任何一个有利于它们工程进度的地点，这些生物都会聚集在一起为建造自己的家园而奋斗，它们用超乎寻常的坚定毅力一层层地建造着珊瑚体，当它们停止筑造的时候也就意味着珊瑚已经长成并冒出了海面，但这并不代表它们可以过上安逸生活，它们还要努力扩大它们在海洋底的版图。冒出海面的珊瑚尖就是我们所说的暗礁，暗礁面积的扩大就会形成小岛，成片的小岛连接成岛屿，但是在海洋中我们又能见到多少一片片嵌在无垠海面中的岛屿陆地呢！

珊瑚岛实质上就是数量巨大的珊瑚虫尸体所垒成的一块高地，它根植在海洋之底。在开始时，珊瑚岛就只是什么也没有的光秃秃的小岛，后来在风和海洋的作用下，一些植物的种子落在这里，就在此扎根生长，小岛从最初的银白色到渐渐有了生机，然后有蜥蜴、昆虫乘着漂流的木头从远方漂过来，成为第一批岛民，再后来，海鸟也在这里筑巢安家，还有一些落单的迁徙的鸟儿为了寻求避风港也来到了这里。慢慢的，这些岛民使得岛上的土壤丰富了，紧接着人类的足迹也到了这里。

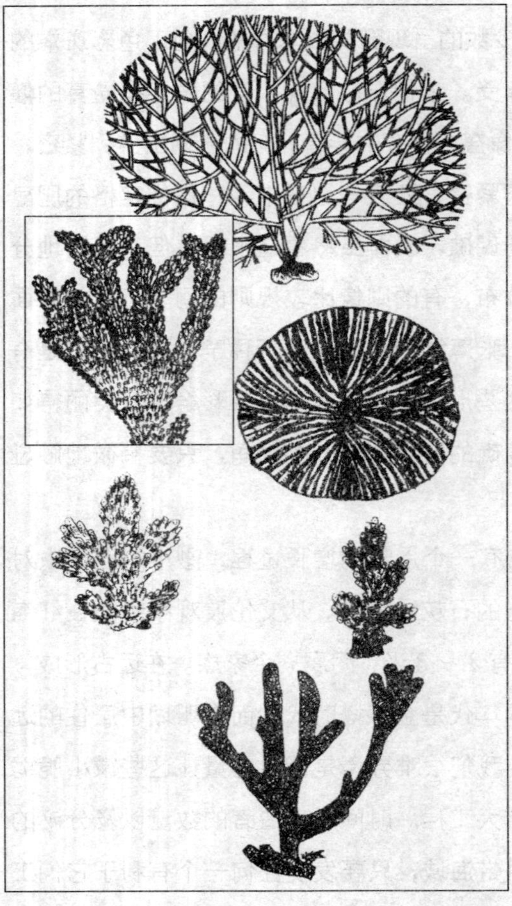

图 24

珊瑚岛只比海平面高出一点。它们基本是由带状陆地环绕成圆形或者椭圆形状，在中间有一泓浅水，湖水与岛周边的海洋是相通，如图 25 所示，这种独特的地形造就了这里的美丽。环带形陆地上有很多棕榈树，蓝蓝的天、郁郁葱葱的树，绿色的树带中间还有清澈的湖眼。而此时的珊瑚虫和软体动物们还是没有休息。在这个充满绿色的岛屿外面，纯白色的沙子到处都是，这些海滩上的白沙都是由碾碎的贝壳末形成的，整个海岸线到处都是礁石，巨浪拍打着海岸，撞击到礁石上激起层层的海浪。海风卷着海水怒吼着似乎随时都能淹没这座小岛，但是这座小岛的建设者却用精力和智慧让小岛变得坚固，成功抵御了海浪的袭击。那些珊瑚虫们就好像不知道累的战士一样，保卫着它们的边防不受到海浪的侵害，用自己的全力去增强岛屿的稳固。而且在速度上还惊人地与海水破坏的速度保持一致。它们虽然看起来渺小得不值一提，但就是这种渺小让它们用自己的身体保护着自己的家园不被海浪所摧毁。

现在，你也许很想知道我们的地球上的陆地到底有多少是由珊瑚构筑的，这一点，我们可以通过看看世界地图来了解，请注意从南美洲南部到亚洲南部，那些绵延在太平洋上的由小岛组成的群岛。它们中大多数都是由纯珊瑚形成的，还有那些不是珊瑚的群岛周边也包围着小珊瑚岛。印度洋的马尔代夫群岛是由

美丽的珊瑚岛。珊瑚虫建造的巨型建筑，其工程之庞大连人类也自愧不如。

图 24

12000个环形珊瑚礁、小岛和岛屿构成的，它们全都是珊瑚构筑的，其中最大的岛直径大约有8000米。隶属荷兰的东印度的珊瑚海面积近88万平方千米。有着世界第五大陆地之称的澳大利亚的大部分岛屿都是由珊瑚形成的，最有名的是绵延达2000多千米的大堡礁。

这些天生的海岛创始人从史前海洋时代就开始了为地球构建陆地的伟大事业。直至如今，我们世界上所存在的某些陆地的地层、一些山脉都是这些珊瑚虫们的杰作。如果你有一天能够行走在法国内部的一些地方，你的脚底就会与这些古老的珊瑚遗体有着最为亲密的接触。就像现在，我置身写作的这个小镇①，有些用来建造它的石材中就含有珊瑚的成分，我所居住的房子的灰泥墙壁也有珊瑚礁的沙石。

①译者注：作者当时可能在桔郡

第二十四章
潮汐

最著名的潮涌要数南美洲的亚马逊河口了，这儿的潮汐所产生的能量可以将河口的水推进800千米。每当到了潮汛时期，在很远的地方都能听到声势浩大的涛声，可想而知现场气势的宏伟。

大气运动对海洋及其环境的影响

放在水盆里的水如果不动，就会永远保持一个状态，海水也具有同样的特性，如果没有外界的介入，海水也会如一潭死水，时间久了也会腐臭，而且海洋中生物的生存也离不开新鲜的空气供给，一旦海洋停止翻动，空气也得不到更新。所以说无休止的动荡对于海水来说是必不可少的，就像大气的翻动能为人类呼吸提供新鲜的空气一样。海水的运动不但能防止海水淤滞，而且还能保证海水的清洁。目前来看，大气、月球的引力、地表的热量都是能引起海水运动的主要因素。

大气的运动会使海水产生运动，一阵强风可以在海上掀起层层波浪，跌宕起伏。如果风力持续强劲，巨大的海浪还可以冲向岸边，拍打着沙滩。大气的运动对海水的影响只仅限于表面，表面尽管波涛汹涌，但在海面30米以下的水，却非常平静。在我们的海岸（法国海岸），海浪最高也只有两三米，但是在南部的某些海区，如和恩海峡和好望角地区，在强烈的风暴下，海浪能达到 10 到 12 米。海浪掀起一座座巨大的移动的水幕，一个接着一个，向前移动，如果没有遇到强大到足以摧毁它们的力量，它们就不会在海洋中消失，而是继续前进，一个巨浪接着一个巨浪；即使最后消失了，后面还会产生新的巨浪。

这种推动海浪进军海岸岩石的力量就如同是内心不可遏制的信仰一样，海浪就是这种信仰的实现者，带着这种巨大的力量冲向海岸的岩石产生巨大的撞击，撞出震天的声响，如此大的声势连地球都觉得震颤。构成堤坝的固体结构被冲刷得随处可见，又如同小鹅卵石一般被轻易带走。就是这种声势浩大的不断撞击，完成了对沿海边到处可见的悬崖峭壁的塑造。这种峭壁在法国和英国境内的英吉利海峡更为明显。就这样日复一日的撞击造就了沿海岸的悬崖，被冲刷下来的岩石再被海水磨洗形成了我们所见到的鹅卵石，海边的土地也是这样被海水一点点地侵蚀着。据历史记载，灯屋、灯塔、岸边房屋、海边村庄，这些在海水的侵蚀下最后都将葬身海底，慢慢地成为一种传说。

但是，海的另一岸又是另外一种风景，大量的砂砾被冲上岸，这些砂砾在风的作用下，慢慢堆积形成长长的沙丘。法国海岸加莱海峡区布伦港沿岸随处可见的都是这样的沙堆，还有靠近南特和莱萨布勒一多洛纳的布列塔尼也多沙丘；从波尔多到比利牛斯形成了长约 240 千米的沙带，而兰蒂地区的沙丘覆盖面积大约有 340 平方千米。

这些沙丘有时让人感叹大自然的巧夺天工。如果置身于沙丘的最高处，膝盖以下都会被埋在沙丘中。放眼望去到处是一片无垠的沙滩，淡黄色的地平线一直向远处延伸到很远，蜿蜒的沙丘随风起伏波动。伫立于连绵的沙丘中，就像置身于走不出的银色世界里，风儿卷着白沙狂舞，砂砾会再次回到大海中。在沙滩的海洋里，缺少千变万化的波浪，一切都是一成不变的，这种宁静，让人感觉到孤独，只有偶尔飞过的海鸟的鸣叫声和海水的访问才会引起一些变化，这里的沉寂才会被声音打破，显得不那么孤独和呆板。

冒险家们如果在进入这片无人之地之前，事先没有看天气的变化，又恰巧赶上有暴风雨，那么烦恼也会像暴风雨一样砸来。那些渺小的砂砾是无力抗拒风的力量的，只要有风，就会产生沙雾，并不断前进。沙尘暴有着龙卷风一样的坏脾气，漫天都是弥漫着的沙粒。风暴过后，沙丘仿佛移动了一样，高地和低谷都仿佛交换了位置。

每次风暴过后，沙堆就会朝内陆更近一步。当海风把沙堆吹着向一个低谷移动时，这个低谷马上变成另一个沙堆，就这样在风的作用下，不断向前移动，直到沙堆被吹到耕地上才停止。就这样，一个个新的沙堆不断地在海边形成、前进，使耕地不断沙化，耕地就这样变成了不可利用的沙地。没有什么能够终止风、海水和沙砾这种孜孜不倦的破坏行为。这些渺小却极其有杀伤力的沙子，慢慢吞噬着茂密的森林和绿色，最后连高大的树木都变成看起来像一些干枯的小灌木，凄惨惨地零星分布在漫无边际的黄沙中。不仅如此，沙漠还会吞噬村庄，淹没房屋，教堂，把一切的一切全都埋葬。人类又应该怎么样来应对这个祸害呢？这个危险的怪物用无坚不摧的力量和冷血的态度再加上顽强的毅力，以每年 20 米的速度侵占着陆地，在它们眼里不管是成熟的庄稼，还是人类的居所以及茂密的森林都得不到丝毫的怜惜之情。当然人类也不会这样坐以待毙，他们用自己的智慧很快就找到了对付这种可恶危害者的方法，种植松树林就是一个好方法，强大的防护林可以使沙漠无从猖狂。

潮汐的形成

海洋的这种影响力就像风俗变化一样，找不到什么规律可遵循。除此之外，还有一种相对来说有规律的活动，例如潮汐。海岸在某个时期都会定期出现海水退去，露出一大片以前在海水中的海岸，这就是我们常说的潮退现象。不一会，海水又会返回到这片海岸，把露出来的陆地淹没，也就是涨潮。潮起潮落的周期大概是 12 小时，这样一来，一天之中就有两次潮涨两次潮落。

对潮起潮落现象不熟悉的人，总会感叹它的神奇。因为无论风平浪静还是狂风骤雨，只要特定的时间一到，海水就会毫无征兆冲上来，拍打着海岸，然后再迅速退去，仿佛海里有一个黑洞把海水全都吸进去不久又吐出来似的。海水的水位线也会下降到一定的距离，这个距离是由海岸的倾斜角所决定的。掌握了这一规律，就有可能实现行走在海岸边却不湿鞋子。

读者朋友们，在海水退去的海岸上，你会惊奇地发现潮退后有许多搁浅在岸边的小鱼和其他的海洋生物，它们都奄奄一息地躺在海草中，其中还分布着漂亮的贝壳和光滑的鹅卵石。你可要记住，在玩的时候不要离开岸边太远，你是无法想象涨潮时海水上升的速度会有多快，当海水泛起白沫呼啸着而来时，就是品种最好的千里马都会避之不及。涨潮过后，那些退潮时遗留在沙滩上的东西趁着潮水又会重回大海的怀抱。

现在，让我们一起来研讨潮汐是如何形成的原因吧。我们都知道在天体之间存在着相互吸引的引力，正是在这种引力的作用下，地球绕着太阳转动，而月球又绕着地球转动。这种力是相互作用的，也就是说地球对太阳也有引力，月球对地球也有引力。而月球在受地球引力影响的同时也影响着地球上的海洋运动。同时因为海水的流动性，所以决定了它比地球本身受到的影响大。

为了更好地理解它，我们假设地球是被水层包围的。在脑中可以构想出这样的情景，假使距离变大使引力变小，那么月球的引力又会对我们假设的地球存在着怎样的影响呢？为了更好地解释，在图 26 中，我们用 L 表示月球，T 表

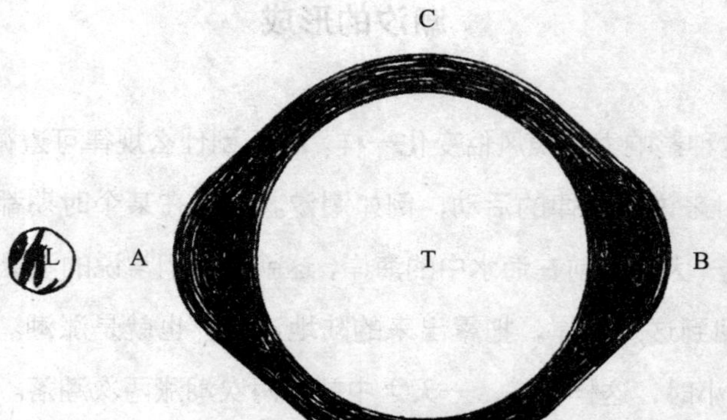

图 26

示地球，阴影部分是海洋，很显然，图中月球引力最强点是在A点，而最弱的点在B点，这是因为A距离月球最近，而B离得最远。由于引力的作用，A处的引力是最强的，此时水平面就会上升，而B处引力是最弱的，这样B处海水向月球方向流动的速度就会比别处的流得慢，因此，该处的水就会出现反向扩张。由于水的压力，水位自然就会上升，而不得不从相邻的海域中寻求补偿。而C、D两点的压力最大，在这两个点上，月球的引力就是一个中等值。这样一来，在A、B两点就形成了涨潮，而在C、D点形成落潮。

假设一个观察者站在A点，月球就在他的正上方悬挂着，这个时候的海平面是最高的，B点也一样，A、B两点的差别就只是地球直径的距离而已。而对于在C、D两点的观察者，月球正处在水平线，正从地平线升起或落入地平线下。月球就正好位于观察者正上方时，当海水涨潮时，在相对的另一边也会引起涨潮。当月球处于水平线位置时，就是潮落现象。不论海洋分布在地球的哪个位置，在地球自转一周的过程中，它的每一面都有机会面朝月球，与此同时，月球在围绕地球公转的过程中是从东旋转到西，所以，在地球自转和月球公转的两个作用下，对于A、B两个膨胀点来说，相对地处于距离月球最近和最远处，C、D两点的情况是相似的。这就是为什么在一天之中，海洋会出现两次潮起潮落，而每次之间的间隔为6小时，并且我们知道了潮汐的运动规律其实是由天体运动的规律所控制的。

也许我所说的道理对你来说不能很好地理解，那么我就拿大家都熟悉的为我们提供光和热的太阳来打比方，太阳对地球有着引力。你也许会想，太阳是太阳系的中心，地球都要围绕着太阳转动，它对潮汐的影响会不会更大呢？这不用怀疑，太阳对于潮汐作用确实存在着影响，但是在想到引力作用的同时我们也不能不考虑太阳距离地球的距离。太阳对于地球来说是很遥远的，所以当月球能够使海洋表面涨高5米的时候，太阳使它涨高的高度为2米。所以，我们在研究潮汐运动时，首先考虑到的是月球的影响。

虽然研究潮汐运动首先考虑月亮的因素，但不是说太阳对于潮汐的作用可以忽略不计，太阳影响潮汐的原理和月球的作用原理没什么区别。有时候，它们还会在同一个方向同时对海洋起作用，有时，也作用在反方向上。当它们都处在地球的同一侧时，太阳和月球共同作用，就会出现大潮。当它们处在地球的相反方向时，也有可能会产生相同的效果，从而在相反方向引起大潮。正如上面提及的，处于相反两端的海洋在地球受到影响时都会发生涨潮现象。朔望，也就是月球、地球、太阳不论如何排列处于同一条线上时，都会发生大潮，这个时候的月球也可能是新月或满月。可是，当月球位于头顶，而太阳位于水平线时，太阳引力作用下的潮落就会降低月球引力作用下的潮涨，从而发生小潮。太阳、月球、地球三者位置呈现 90 度时，此时称天体的分布为方照，这时月球是半月或上弦月抑或是下弦月。

你很难想象，会把潮汐的流动和奔腾的川流放在一起讨论，而且在一天中的 24 小时会发生两次涨潮。潮汐所引起运动的只是海洋表面的海水携带着潮水，涨起时夹带的漂浮物的流动。另外，潮起和潮落是发生在同一个地方，当月球处于正上方时，海水就会涨起，滚滚而上；当月球慢慢移到水平线时，海水会退去，沙滩就会露出。但是涨潮不会使船只前进，它对船只的作用可以忽略不计。在外海区域，波浪会时起时落，由西向东前进。如果地球表面全是海洋的话，那么整个地球看起来都是这个样子。

可是，正如我们所知道的那样，地球表面有 1/4 的面积是陆地，这些陆地、岛屿对潮汐的运动都能产生一些影响。突出的岛屿和陆地，能使大潮的时间和月球出现在正上方或相反方向的时间产生错位，有明显的滞后性。再加上地区的差异，滞后时间也有一些差异。例如，在直布罗陀海峡这种滞后性是没有的，吉伦港口约延迟 3 小时 53 分，而在比斯开湾的罗里昂地区却是 3 小时 32 分，在圣马洛这种滞后要到 6 小时 10 分钟，而瑟堡的是 8 小时，在迪拜的是 11 个小时，敦刻尔克地区就长达 12 小时 13 分钟。这种滞后时间随着窄窄的英吉利海峡的移动慢慢增多，这种滞后时差就是我们所说的潮候时差。这个时差对于航海业是至关重要的。当知道了一个海岸的潮候时差后就可以从月球的移动轨迹计算出该海岸满潮的具体时间。

外海区的潮水上涨高度不是很高。南海区域海水上涨高度也不到五十厘米。

图 26 显示 的潮汐是为了让了让你明白这个道理，所以描述得有些夸张。实际上，水面膨胀远没有这么明显的效果，虽然膨胀范围比较大，但是很难达到那样的高度。越接近陆地，特别是比较狭隘的水道，潮水在流通时受到阻碍，水量的增加会使潮水上涨高度升高，这种情况在外海是不可能发生的。在圣马洛海峡，随着时间的推移，潮水在满潮时平均水位能到 6-7.5 米，退潮的高度也是这么个高度，这样就意味着满潮和低潮有 12-15 米的高度差。在法国，除了英吉利海峡，找到涨潮高度高于 2 米的海岸是很难的。

在距离海岸比较远的海域，海水的潮差不会造成涌流，如果海岸离大海很近情况就不一样了。在涨潮时，海水借势使水位升高，落潮时，海水飞快地退去只剩下一片沙滩。就这样，潮涨潮落周期性地交替就形成潮汐的涨落现象。

在像里海一样的内陆水域和湖泊，潮汐现象是不会发生的。下面再看一下图 26，你能够发现，A、B 两点水位上升，而 C、D 两点水位就会下降。也就是说有一处海平面出现上升马上就会有另外地方的海平面出现相应的下降，以此来平衡上升面的水量，这样水的总量没有变化。在 A 处膨胀有满潮发生时，在与该点相距地球 1/4 周长的 C 点就会出现低潮。所以，我们可以这么理解，一个海域产生潮汐现象时，这种作用会延伸到地球的 1/4 周长。而在内陆水域，即使是世界上最大的咸水湖里海也不可能满足这样的条件。虽然地中海流经直布罗陀海峡和大西洋相通，可是因为海峡较窄的局限性使它也无法满足潮汐的要求。所以，在内陆海域也很少有潮汐的发生，它们的海面基本稳定。

气势磅礴的潮涌

在河口入海处，因为涨潮的缘故，沙子和小石子会隆起形成沙洲。流水因为海潮的压力和这些沙洲的阻碍在这里出现断流。河道里河水和海水在一起互相施压，造成波涛翻滚。如在阿杜尔河河口，河水就如同沸腾了似的，发出巨响。即使是在非常平静的好天气，河口的水流也会出现冒着白沫翻滚的气势磅礴的现象。这其中出现的白色波浪线就是海与河的分界线，它使阿杜尔河河口的轮廓全都暴露了。

当遇到涨潮时，河水会被激发上涨同时会压迫河水沿河道发生逆流，这就是所谓的潮涌。在法国，有名的潮涌就要数多尔多涅河和塞纳河了。涨潮时，潮水涌入吉伦港，在入海口处发生声势浩大的潮涌，从波尔多港一直延伸到海边，挤压着多尔多涅河的水，让它充满整个河道，同时还会激起三四层巨浪。浪潮带着隆隆作响的声音，以迅雷不及掩耳的速度冲出河口 4000 米以外。在行进的途中，河畔的树木、河里的船只和堤坝都会遇到毁灭性的伤害，连岸边的石块都能被抛出很远。

最著名的潮涌要数南美洲的亚马逊河口了，这儿的潮汐所产生的能量可以将河口的水推进 800 千米。每当到了潮汛时期，在很远的地方都能听到声势浩大的涛声，可想而知现场气势的宏伟。在河口处急速推进的海水和河水发生互相撞击，产生的巨大声响让周围的海岸都发生颤动。汇合在一起的流水以雷霆般的速度从一个河岸冲到另一个河岸，河流水位比原来要增高 4-5 米。河面上一浪接着一浪，河水抗衡不了海水巨大的冲击力，被海浪推着倒退，所到之处，一切东西都被席卷而走。被波波罗卡袭击的河岸到最后只剩下裸露的岩石。

海洋的运动，除了月球引力和风力可以引起的潮水涌动，在地球表面分布不均的热量也会造成海洋的运动。同一个物体如果各部分的能量出现分布不均的话，能量就会出现相互传递来维持成为一个均一的能量体。而对于海洋来说，就是冷水和温水之间相互传递来进行能量交换，最终实现平衡均一。可是这种实现均一的条件太过理想，实际上在传递过程中总会因为许多物理原因，导致热量没法

亚马逊河潮汐

达到均一，也就意味着这种传递是永远在进行的。这样看来，赤道带的热水和极地的冷水也在进行着能量的交换，热带地区的水在流向地球两极的过程中带着自身的热量，同样，极地的冷水在流向热带的过程中也在不断地吸收着热量，周而复始地循环着这种传递。

海洋有许多能促使它运动的源流，这些源流让海洋保持活力。其中墨西哥湾流就是海洋系统中最重要的暖流，暖流从墨西哥湾一路顺着东北方向流动，它组成了海洋中间的重要暖流带，在它的两边是海洋的冷流。这条湾流的水流量要比亚马逊河和密西西比河的加起来的流量的 1000 倍还要多，其中还蕴含着足以让铁器熔化的热量。墨西哥湾就好比是一个上吸太阳能下吸地球内部能量的巨型大熔炉。墨西哥湾海岸和海岛上随处可见活跃着的火山口，这就是海湾地表下蕴藏巨大能量的证据。

墨西哥湾流所拥有的巨大能量让它在流动过程中可以源源不断地散发热量，即使到达北极后还能够融化部分冰层。湾流运行到纽芬兰海岸的时候，一部分会向极地流去，另一部分则继续沿着正东流动。这股东流的巨大暖流，在到亚速尔海岛纬度时又会出现一次分流，一支环绕非洲海岸后回到墨西哥湾，在那里继续吸收能量，另一支继续沿原方向行进，途径法国、爱尔兰、英国、冰岛、挪威，然后消失在北角①，冰封的极地那厚厚的冰块下面。

墨西哥湾在最初时只有宽 20 千米，深 300 米，水流量是 10 千米 / 小时，然后慢慢变缓，但湾流仍能以很快的速度到达终点。墨西哥湾的湾流是淡蓝色的，和其他洋水的绿色形成鲜明对比，虽然旁边都是低温的水流，但这条独特的暖流，在进入亚速尔群岛之前不与绿色的冷流融合。在水流面较宽的地区，它用自己的热度温润着整个北欧地区。

如果没有这条特别的暖流流经英国、爱尔兰、挪威等地区，那么那个地区的人们在冬天就要经受特别冷的严寒天气。用温度计可以很直观地观察墨西哥湾暖流带来的能量对这些地区来说是多么的可观，温度计放在暖流区和两旁的

---

①译者注：北角位于挪威的马格尔岛上，世人都认为它是欧洲大陆的最北端。

冷流中温差相差 12-17 摄氏度。即使是在冬天温度低至零摄氏度的纬度地区，墨西哥暖流温度仍然达到 26 摄氏度。

暖流为它的流经地——寒冷的北欧，不仅带来了温暖还有能够取暖的燃料，墨西哥湾流流经佛罗里达州和路易斯安那州时把那里的树干一起带上。向北向东，直到到达北角。在它流经的资源匮乏地区时，那里的居民就能够用这些树干作燃料。还有一些来自北欧一些地区的竹子、断木、松树树干，也被带到亚速尔地区，对美洲的发现起了很大的作用，证实了克里斯托夫·哥伦布对遥远西方新世界的猜想是正确的。

墨西哥湾流在绕行非洲海岸回流到出发地的绕行区域远比地中海大。它环绕的海区中长满了各种海生植物，就像一片绿油油的草地，各种海藻都缠在一起，使过往船只的行进感到极大的不便，冒险家哥伦布第一次见到这种景象时也吓坏了，他的伙伴们都想退却，但哥伦布还是用自己强大的毅力带领船队通过了这片危险区域。

第二十五章
极地

大自然的万物都有存在的理由和必要，爱斯基摩狗就是极地环境下的产物。它们是极地居民离不开的伙伴。极地也是它们的家，它们冬天住在雪屋里，到了夏天就住在海豹皮帐篷里。

美丽如罂粟的冰川

在地球的两端，是地球上最寒冷的冰雪世界。那里到处都冰原，随处可见形态各异的冰块、冰岛、冰山。就如同花岗岩的石块、石岛、石山一样坚固。那里的海洋也是冰封的，冰面非常结实，和地面相连，一眼望去全都是一片白皑皑亮晶晶。在这个雪白的世界里，冰块的大小随着季节的变换而变化，但是永远不会完全融化。现在我们就一起来看看这个永恒的奇妙的地方。这里的陆地是由岩石和冰雪组成的，让我们先来了解一下北极。

航海员夏天从南方驶来，在这里会遇到漂浮的冰山。冰山的样式非常多，有的像城堡的废墟，或者像古老残旧的水晶塔，如高墙，似烟囱，还有的像旋转梯和柱形的碑。有的时候还会见到像有相反斜坡的山丘的冰山；或者是带有锯齿的凹坑；以及残垣断脉，或是峭壁；险峻的断崖……看到这些，你不禁会感叹大自然的鬼斧神工，能够雕饰出这样姿态各异，鲜活灵动的冰山造型，人的想象力是不可能达到这样的境界的。

冰山浮在水面上的只有少部分，能见到的不过长3平方千米，高50米左右，在海洋水面下有200米。海上的冰山不一定是来自海洋冰面的破裂，更大的可能是从更大的冰川上分离下来的。正如我们所了解的那样，冰川在海拔1000米的地方会发生融化，但是在极地寒冷的条件下，它不会融化而是下滑。这就是在格陵兰岛会有比阿尔卑斯山附近更为广阔的冰河的原因。这些冰川缓慢地从源头漂移到河口，最后进入海洋的就不是流水而是巨大的冰块。这些冰块带着被封在冰里的岩石块鹅卵石一起前进漂浮。这些冰块有时会伸出海洋，但最终会在冰川破裂后再次回归海洋。破裂后的冰块依然在海洋中飘荡。

极地海洋在遇到冰封期时，每个海湾的入口都会被冰堵住，到天气回暖后，冰面开始融化，碎冰带着被冰封在里面的岩石、鹅卵石浮游到海洋里，等飘到温暖的地方就会发生融化，其中的冰封物也因此沉入海底。

冰山漂浮的方式有的只有孤独，有的则像是海军在进行演习那样，到处可见许许多多的冰山排着队一起前进，它的壮观是可以通过想象感受的。那晶莹剔透的亮，耀眼的白，以及在湛蓝的天空下，享受这懒懒的阳光照在上面，漂浮在蓝色海洋中的冰块反射着泛着五彩的光，这是多么美的一幅画面。但有时候越美的东西往往隐藏着危险，出行的船只只要遇到冰山，稍不留意被撞上就有可能发生船毁人亡的惨剧。

北极冰川里只有孤独的北极熊在四处觅食

曾多次去北极的英国海员斯科比对我们说，他看见过被冰山包围的船队，没多久，那些被包围的船就没有了踪迹。还有一次他看见一只被两座大冰山夹击的船，最后只有主桅杆还在那里矗立着。也有被冰山撞翻的，还有的被冰角整个穿过。对于生活在海上的船员们最大的威胁倒不是冰山，而是不见还好一见就让人体会什么叫九死一生的冰原，它们是来自巴芬湾[①]的巨大的怪物。斯科比就遇到过长约 150 千米，宽 50 千米左右的冰原，它们可以自我分裂、重组，形状千奇百怪，如同随处可见的山脉一样，在海平面时隐时现的，冰原的底座是厚厚的冰层，要想理解它，可以想象一下瑞士的某个经过冻结凝到一起的州县，又在一种潜在的力量下，被突然地划割出来，然后带着它上面所有的事物在海洋上快速漂流。一旦撞击到阻碍物，对双方都是毁灭性的灾难。如果还不能理解，那就想象一下一个 100 亿吨的东西以高速运动所具有的冲量就可以知道它的杀伤力了。因此，一旦在海上不幸遇到这个可怕的东西正在向你靠近时，你就要马上为它让道，否则最后你就遭受重大伤害了。

能量巨大的墨西哥湾流

到底是怎样的力量才能够把冰山这个庞大的东西从巴芬湾里移出来呢？这个神秘的推手就是我们所知道的大西洋洋流和墨西哥湾流，正是它们在从极地回流的过程中把冰原移动了。

由于海水在蒸发过程中减少的只是水而没有减少盐量，所以海水的比重会增加。而墨西哥湾在源头处，因为气候炎热，海水蒸发很快，所以这片海域的含盐度就增高，也就是说海水比重在增大。而另一方面，热量的作用使海水膨胀又减小了海水的比重，但后者的作用比前者大，所以，海水虽然含盐度高却只能在冷水的表面漂流，形成表面湾流。这股湾流是因为温度的关系才会漂浮在海平面上的，等到热量消失了，这股湾流也就消失了。所以，只要能够保证

①译者注：它是格陵兰岛和加拿大的巴芬岛之间的区域。

它的热量，它就会持续漂流，与此同时从极地注入的冷流在海底流动着。但是，在暖流流动过程中，热量在不断地进行转移，但因为含盐量较大，这样暖流就会慢慢下沉，冷流就会移动到上层。

在北方海域中水流分布正好与之相反的，冷流在上层，墨西哥暖流在下部，漂浮的冰山就是一个很好的说明。仅浸在表层洋流的小冰山是从北向南移动的；而深浸在深层洋流的大型冰山，因为受制于控制它们反向的推动力，只会出现它们漂游方向转向的现象而不会停止。所以，我们可以明白冰原的推动力就是墨西哥湾流在流到极地后返回途中的余热作用。墨西哥湾流和极地寒流在纽芬兰的北部汇合，从这一刻起，向极地运动时寒流在上而暖流在下；在回流过程中则相反，是暖流在上，寒流在下。

纽芬兰岛海岸也是格兰德海岛著名的海底高原，就是这种汇聚作用的成果。极地的寒流在南方暖流作用下，把从格陵兰海岸夹带的矿物如沙子、鹅卵石、岩石碎片等都沉入海底。同时，在暖流中生活的海洋生物特别是软体动物，因为突然的寒冷而大量死亡，它们的躯体也会沉入海底，这样，这个区域地面就会越来越高。故纽芬兰海岸海底就会越来越高，最后形成海底高原。

人类对极地的探索

现在，我们来一起了解一下北美的海峡和海岛的北极吧。这里对于冒险家们来说具有无穷的诱惑力，所以，这里出现了以科研为目的冒险家的足迹，他们闯过种种困难和克服严寒的天气，向极地靠近。说到冒险家我就要介绍那个怀揣梦想在1847年踏上北极之行的约翰·富兰克林爵士,和他一起的共有137人,但是他们最终都命丧北极。和他们一起消失的——“埃列巴士号”和“特洛尔号”两艘船和凯恩博士。不过凯恩博士还算是比较幸运的，虽为科学献身了，可是他的功劳被标记在北方的地图上，成为永恒的纪念。最早的航海家航行到了极地海域的关口,也就是现在的格陵兰岛最南端的海峡,这里被称作“费尔韦尔角”,仿佛穿过这片极地海洋可能要对世界永远说再见了似的。这里的凶险足以令那些胆大的人心生畏惧。

如果遇到海水没有全部被冰封，那么航海者可能还有活路出来，只有非常小心地穿行于冰川之间，否则就会葬身冰海。有时候遇到霜冻，船只被冰山冻结、包围，那么也就只有等死了，船只就会和周围的水域冻结在一起，就仿佛是长在上面一样，这样的状况会持续好几个月，甚至是一年。要想活下来，就只有指望奇迹发生了。

与此同时，冰体对船体也会施加巨大的压力，一艘好的船只能否抵挡住这种力量要靠运气。当船只被冻结时最好的方法就是弃船而走，因为呆在船上说不定啥时候船就解体了，到时候就是死路一条了。但上了岸也不能保证平安无忧，在极地那种环境下，人类要抗拒寒冷是难以实现的。

不要认为陆地上的危险会少，在极地的冬天，太阳甚至几个月都见不到，北风呼啸，气温只有零下四五十摄氏度。哪怕裹着皮毛穿着厚实暖和的雪鞋也依然感到寒冷。人们颤抖着，带着恐惧不安的心，在有着微弱光亮的黎明中的北极艰难地行走。这种说暗不暗说亮不亮的微光要持续好几个月，不分时间。第一次遇到如此情况的人，会怀疑自己是否已经远离地球到了另一个星球。那些从家里被带到这个荒芜地区的小动物们，会发出恐惧的尖叫，然后死去。

大自然的万物都有存在的理由和必要，爱斯基摩狗就是极地环境下的产物。它们是极地居民离不开的伙伴。极地也是它们的家，它们冬天住在雪屋里，到了夏天就住在海豹皮帐篷里。它们会为居民们带来生活必备品。北极的寒风刮在人的脸上就仿佛是鞭子在抽一样，一道道冻痕留在脸上，这时的人都觉得自己的血液仿佛凝固住了似的，血肉冻得发青，最后成为僵硬的灰白色，然后失去了感知力。因此，要活命就必须每 15 分钟摩擦全身以获得热量。呼气要小心，它会在呼出的瞬间变成冰针，把胡子会和衣服冻结在一起，眼泪也会把上下眼睫毛粘在一起，行走在北极的陆地上是一件非常困难的事。

想要终止这种痛苦，必须像爱斯基摩人那样建造一个用积雪做墙壁和用整冰做房顶的屋子。住在这样的房子里，冒险家们可以安心享用用酒精灯解冻的冰鱼，然后安心地睡去。当外面传来声响时，他们就要起床了，这些声响是爱斯基摩狗醒来后所发出的声响。那时它们抖掉身上的积雪，在吃过一点食物后，就迅速开始工作了。

冒险家的旅途并不轻松，一路上都会遇到困难，如果不是把所有可能发生的都考虑进去，这个行程是不可能完成的任务。他们的每一天都是未知的，可能不出几分钟就被冻僵，在运输过程中，雪橇狗可能丧命，食物无法补充或是能补充也变成鱼骨头和油脂了。不定哪天走路遇到冰裂缝或雪坑，所有人都会只能葬身冰底。

直至今日也没有人能够真正地到达北极①。1854 年，勇敢的美国人凯恩和他的同伴们，放弃了被冰封的“前进号”，在雪橇狗的陪伴下继续向北极前进。他们怀着必死的决心想跋涉北极，终于穿越冰封的平原，到达了距离北极 800 千米之遥的地区。在那里，他们看到了一片代表着生命和温暖的海洋。水禽在海中嬉戏，海鸥、鸭子、天鹅，还有别的禽类在海面自由地游荡、盘旋飞翔，长着白色羽毛、宽阔翅膀的不知名的鸟儿发出尖叫，还绕着其他的海鸟飞行。他们从未见过如此多品种的鸟儿。海豹、鱼儿都玩得很欢，在岸边还盛开着美丽的花朵。这是一个代表生命活力和生机的地方。

大家没有想到会见到如此的景象，没有冰山、冰原，只有绿色的海浪在翻腾。即便是有强风吹来也没有哪怕是一小片的浮冰。这一切都说明这片海洋很宽广深邃。如果凯恩的“前进号”没有被冰山所困，他们或许就能穿过这片温润的海域，成为第一个到达北极的人。

我们该怎样解释在这样一个寒冷的地方出现这样一片海域呢？是被冰层包围的融水区？还是在极地附近的来自墨西哥湾的暖流用余热融化的冰所形成的海洋呢？

我们对南极的了解比北极还少，它像是把自己给隐藏在副员 5000 千米的帽子底下的低调者。我们对南极的开发只是小部分地区，如阿德利地、维多利亚地、

①译者注：本书完成早于 1909 年皮尔里的征服北极之行。

南极洲半岛冰川

路易斯·菲利普地，这些地方厚厚的冰层下面是非常坚硬的花岗岩。路易斯·菲利普地和阿德利地是被法国海军迪尔莫尔在 1838 年和 1840 年发现的。迪尔莫尔是个勇敢的人，他从南极的冰山中走了出来并在那片世界级的危险地插上自己的旗帜来宣示自己的胜利，不过。他很不幸地死于一起凡尔赛铁路交通事故中。

在南极这个巨大的帽子上还有许多被峭壁所分割的弯曲的海峡。

迪尔莫尔是这样描述的：

它对你的灵魂深处有一种威严的震慑力，你置身其中会觉得像是被别人绑了手脚似的感到孤独无助。这里清冷到使人觉得悚然、莫名的悲伤，仿佛是可以毁灭一切的力量。放眼望去，白皑皑的冰雪望不到尽头。高达 30 ～ 40 米的冰山随处可见，就如同是大理石砌的城墙一样，透过南极的袅袅白雾，可以看见冰山有着淡淡的浅灰。在晴朗的日子，太阳照在冰山上，冰山晶莹剔透，散发着美丽的七彩的光晕。这个冰雪世界永恒的主题就是宁静，只有偶尔飞过的海鸟寂寞的身影和鲸鱼拍击水面的声响还在提醒着说这里依然有着活力，有时，你甚至能听到海豹摔倒后撞击冰面的声响。

我们是驾驶着“星盘号”和“则黎号”单桅帆船开始了这次难忘的征程，在穿越那些被峭壁隔开的海峡时，想象着自己就是穿行在由大理石城墙的街道上。两边的峭壁要比桅杆高出许多。在巨大的冰山下，我们的船只是如此渺小可怜，船体和桅杆是如此单薄脆弱，让人心生恐惧。海峡像是一个喷发的泉口，海水在那里不停地翻滚涌动着，冰面反射着太阳光，折射出美丽的色彩。高处形成一个瀑布，把被1月温暖阳光所融化的雪水（1月份这个纬度是夏季）注入海中。人的声音在冰面被来回发射，发出了很久都不消失的回声。

穿越两道冰墙我们就用去了一个小时，如果有一块碎块从冰墙掉下就能够轻易地将船摧毁。最后，我们到了一个巨大的海盆处，海盆一边被全部透明的冰山包围着，另外一边则是海岸，但被高1000米左右的厚厚冰层覆盖着，温暖的阳光打在冰层上反射出耀眼的光彩。这儿就是南极的一部分阿德利地，我们欢呼我们到了目的地。在这片我们踏上的土地上，我们插上了三色旗。我们还发现在这片土地在三四百米厚的冰层下全都是红色的大理石。

冰层下藏着的岩石说明，迪尔莫尔发现的地方是极地大陆。这片土地隐藏在厚厚的冰层下面。1841年，英国海军罗斯对南极做了更深入的探索，他们在那里发现了艾利波斯火山和特洛尔火山。艾利波斯火山有3750米高，当他们发现火山时，火山正处在喷发期，火苗到处乱窜，烟雾弥漫，冰雪在火山口的熔岩下不断翻滚，发出非常耀眼的光。